U0292630

TK-C500 土工离心机
实验室的建设与应用

张宇亭　李建东　安晓宇　杨立功　编著

人民交通出版社股份有限公司

China Communications Press Co.,Ltd.

内 容 提 要

《TK-C500 土工离心机实验室的建设与应用》全面介绍了土工离心机原理、实验室设备组成和土建情况,并以实际研究案例展示了土工离心机的应用范围。在内容介绍时结合丰富的图解,帮助读者理解书中的原理和技术。

本书适用于土工离心机实验室的建设者和离心机试验的初学者。

图书在版编目(CIP)数据

TK-C500 土工离心机实验室的建设与应用/张宇亭等编著. — 北京:人民交通出版社股份有限公司,2019.10
 ISBN 978-7-114-15740-0

Ⅰ.①T… Ⅱ.①张… Ⅲ.①离心模型—土工试验—实验室—研究 Ⅳ.①TU41-33

中国版本图书馆 CIP 数据核字(2019)第 164286 号

TK-C500 Tugong Lixinji Shiyanshi de Jianshe yu Yingyong

书 名:	**TK-C500 土工离心机实验室的建设与应用**
著 作 者:	张宇亭 李建东 安晓宇 杨立功
责任编辑:	崔 建
责任校对:	孙国靖 扈 婕
责任印制:	张 凯
出版发行:	人民交通出版社股份有限公司
地 址:	(100011)北京市朝阳区安定门外外馆斜街 3 号
网 址:	http://www.ccpress.com.cn
销售电话:	(010)59757973
总 经 销:	人民交通出版社股份有限公司发行部
经 销:	各地新华书店
印 刷:	北京虎彩文化传播有限公司
开 本:	720×960 1/16
印 张:	9.25
字 数:	168 千
版 次:	2019 年 10 月 第 1 版
印 次:	2019 年 10 月 第 1 次印刷
书 号:	ISBN 978-7-114-15740-0
定 价:	42.00 元

(有印刷、装订质量问题的图书由本公司负责调换)

编 委 会

前　言

　　沿海港口是主要的货物集疏运枢纽,在现代综合物流体系中,乃至在国民经济体系中都占据十分重要的地位。沿海港口"十二五"期通过能力仍将增长,增长方式向新建和挖潜改造并重转变。在海运业大型化、专业化、联盟化发展的带动下,新建港口越来越向离岸化、深水化、大型化、专业化方向发展。"十二五"时期沿海港口规划新增深水泊位440个,重点推进煤炭、原油、铁矿石和集装箱码头建设。同时,为适应经济社会发展需要,节约岸线资源,提高港口优良岸线资源利用率,提升港口码头靠泊能力,保障码头作业安全,以加强老港区改造,提高既有设施技术水平和生产能力,合理调整港区功能,协调港城关系,促进港口结构调整和优化升级的老港区挖潜改造工程建设正如火如荼地进行。

　　近年来,海啸、风暴潮、台风、地质灾害等自然灾害频发,给港口航道开发、建设和运营造成了困难,也出现很多难题需要解决。目前,我国沿海有掩护的深水港湾资源越来越少,更多的新港址选择在淤泥浅滩、河口海岸、岛礁群、辐射沙洲等,如何利用自然条件较差、但滩涂资源丰富的近海资源,形成掩护条件良好、陆域丰富、运营安全的深水港条件是当前面临的重要课题。开敞深水码头或深水防波堤建设所面临的地质、通航、作业安全等问题更加复杂,受超常规的自然灾害以及高含沙、强水流、泥沙活跃等因素对港口建设和运营安全的影响,开发深水水工建筑物新型结构的任务十分急切。另外,我国港口现有使用

1

年限超过30年的泊位近1000个,超负荷运转的情况相当普遍,结构安全问题突出。同时,为节约岸线资源,提高优良岸线资源的利用率,对现有码头升级改造的需求十分迫切,但由于条件复杂,码头结构检测评估和加固改造仍存在一些技术瓶颈。波浪潮流作用下复杂海域港口建设的防淤减淤问题,离岸深水港大风浪作用下船舶靠泊及系泊安全问题,新型码头和防波堤结构研发中的结构稳定性问题,波浪—结构—地基耦合作用问题,波浪潮流风荷载作用下结构动力响应和安全性问题,码头建造及运营的岸坡稳定问题,水下深厚软黏土地基的加固处理及地基稳定性问题,循环荷载作用下黏土强度弱化问题,码头结构整体安全性评估技术等都是港口建设急需解决的技术问题。实现上述技术瓶颈的有效突破,需要港口水工建筑技术领域的科研院所、高校和大型企业集团的研发力量紧密配合,交通科技创新体系资源高效配置,提高资源利用效率,提升创新能力,建设港口水工建筑技术国家工程实验室,为交通运输行业发展提供技术保障。

为加快公路、水路交通运输行业技术创新体系建设,提升行业整体创新能力,国家发展改革委、交通运输部于2011年2月15日联合发布《关于请组织开展公路水路交通领域创新能力建设专项有关工作的通知》,在水路工程安全运行支撑领域建设"港口水工建筑技术工程实验室"。

以交通运输部天津水运工程科学研究院(交通运输部直属科研机构,以下简称"天科院")为依托单位,联合地处天津地区的天津大学(国内著名高等学府)、中交第一航务工程勘察设计院有限公司(国内一流港口工程设计单位)、中交第一航务工程局有限公司(国内一流港口工程施工企业)为共建单位,联合天津港集团有限公司、大连港集团有限公司、神华黄骅港务有限责任公司、洋山同盛港口建设有限公司、中交天津港湾工程研究院有限公司等为合作单位,共同组建了港口水工建筑技术国家工程实验室。实验室组建单位拥有涵盖港口水工建筑技术国家工程实验室4个研究方向的省部级行业重点实验室;拥有以工程院院士、工程设计大师、交通运输部专家委员会委员领衔的结构合理、专业齐全、产学研用有机结合的研发团队;拥有完善的试验设施、先进的仪器设备和一流的施工装备;拥有丰富的港口水工建筑技术领域研发和工程经验,取得了众多创新成果,获国家科技进步奖、国家优秀设计金奖、国家优质工程金质奖、詹天佑土木工程奖等国家级奖项50余项。

TK-C500土工离心机实验室是港口水工建筑技术国家工程实验室的重要组成部分。土工离心模型试验在土工结构工作机理和规划设计参数研究、设计方案优化比选、数学模型验证等方面具有重要作用。对于很多难以处理的岩土工程问题,离心机模拟是一个强有力的工具。近年来,土工离心模型试验一直是岩土工程界研究的热点和前沿。实验室开展港口水工建筑土工离心模型试验研究,解决港口工程建设地基基础稳定性、边坡稳定性和结构安全性问题。深入开展深水码头及防波堤新结构研发、码头结构及地基基础检测评估等研发方向的研究,解决离岸深水港建设存在的海上自然环境与极端气候对港口和航道影响及防治技术、新型码头及防波堤结构安全、地基基础稳定性等技术问题,服务于港口建设和交通运输行业发展,提升实验室研发能力和核心竞争力。

本书以TK-C500土工离心机实验室的建设为背景,详细介绍土工离心模拟试验技术的特点、优势和应用领域;阐述土工离心机设备功能、设计、使用和保养维护方法;说明实验室土建及配套设施的方案和用途。以期为从事土工离心模拟试验的科技工作者提供一些实验室使用和管理的方法,为计划进行土工离心机实验室建设的单位提供一点参考。

　　由于作者学识有限,错误在所难免,书中如有谬误之处,还请各位读者朋友不吝指正。

作　者

2019.6

目　　录

第1章 土工离心机的原理与应用领域

1.1 土工离心机的原理

岩土工程是以土力学、岩体力学及工程地质学为理论基础,运用各种勘探测试技术对岩土体进行综合整治改造和利用的一门学科。这一学科在国外某些国家和地区被称为"大地工程""土力工程"或"土质工程"。在各种土建工程中,岩土工程占有十分重要的地位。土是一种非线性变形材料,它的性状受应力水平的影响,开展针对土的研究,了解其应力状态是至关重要的前提条件。因此当对土工构筑物进行物理模拟时,首要条件是保证模型的应力水平与原型相同。

离心模拟技术是研究岩土工程问题的重要手段。离心模拟技术是用离心力模拟重力,将土工模型置于高速旋转的离心机中,在模型上施加超过重力 n 倍的离心惯性力,补偿模型因缩尺 $1/n$ 所造成的自重应力的损失,达到与原型相同的应力水平。这样就可以在模型中再现原状土工构筑物的性状,从而揭示岩土工程边值问题的应力和变形规律。根据近代相对论的原理,重力与惯性力是等效的,而土的性质又不因加速度的变化而改变。因此,离心模拟技术对于以重力为主要荷载的土工构筑物来说就特别有效。

虽然土工离心模拟试验技术对开展岩土工程问题的研究具有诸多优势,但是其也有局限性和误差,如离心力场与重力场的差别引起的误差、科里奥利加速度的误差、离心机启动和制动时带来的误差、模型尺寸与模型箱大小关系带来的误差、模型材料颗粒尺寸与模型尺寸关系带来的误差等。因此,在开展离心模型试验时,对于试验比尺的选择、模型的制作、边界条件的简化等问题,需要综合考虑,才能得到主要研究对象的变化规律。

土工离心机是开展土工离心模型试验的核心设备,通常分为鼓式离心机和臂式离心机,如图 1-1 所示。鼓式离心机的模型槽较长,可沿内腔圆周布置,多用于模拟管线、污染物迁移、波浪等线性特性的模型;臂式离心机模型大小取决于模型箱的尺寸,一般比鼓式离心机的模型箱大,可用于各类岩土物理模拟试验。

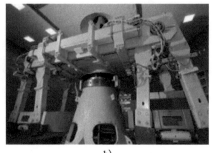

a)

b)

图1-1　土工离心机分类

a)鼓式离心机;b)臂式离心机

1.2　土工离心机的发展概况

土工离心模型试验作为一种可再现原型特性的试验方法,是目前最有效的研究岩土材料在复杂静、动应力场下物理力学性能的手段。我国岩土力学研究的开拓者黄文熙院士称"土工离心模型试验已成为验证计算方法和解决土工问题的一种强有力的手段,是土工模型发展的里程碑"。离心模型试验通过离心力场的作用模拟土工结构物自重惯性力,使模型中应力水平与原型应力水平相等,从而达到表现、模拟原型的目的。离心模型试验在土工结构机理、规划设计参数研究、设计方案优化比选和数学模型验证等方面应用广泛,现阶段已广泛应用于边坡稳定性分析、土石坝及防渗墙的应力变形研究、软土地基及固结沉降研究、挡土墙稳定性及土压力测试、结构—土相互作用研究、污染物运移扩散研究、施工过程模拟、海洋工程结构设计等。离心模型试验方法在国内外也受到了广泛的重视,离心模型试验技术有了飞速的发展和进步,世界各国纷纷建造了自己的土工离心机。

1.2.1　国外土工离心机的发展历史

早在一个多世纪之前,法国科学家菲利普(E. Phillips)就希望通过离心机增加模型的重力,达到模型与原型土工结构物之间具有相同性状及相似关系的目的,并提出利用缩尺模型在离心机上对英法海峡金属桥梁进行研究,以确定弹性梁挠度的设想。但直到1931年,美国人布基(P. R. Bucky)才在哥伦比亚大学研制出世界上第一台土工离心机,如图1-2所示,他在这台半径为0.5m的土工离心机上研究了煤矿坑顶的稳定问题。1932年,苏联的莫斯科水力设计院也研制出了一台土工离心机。20 世纪 30 年代到 60 年代,苏联共建造了 20 余台离心机,最大容量达到 $750g\cdot t$,他们应用这些离心机进行了矿山压力分布、地铁衬砌应力分布,伏尔加莫斯科运河、古比雪夫水电站边坡稳定分析及大量的军事工程方面等多项应用研究试验,获得了很多有价值的研究成果。

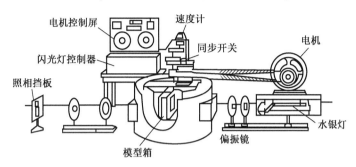

图 1-2　世界第一台小型土工离心机(1931 年)

自 20 世纪 60 年代以来,英国开展了大量土工离心模型试验。剑桥大学工程部高级工程师菲利普·特纳(Philip Turner) 设计并建造了 CUED 10m 土工离心机,如图 1-3 所示。在安德鲁·诺埃尔·斯科菲尔德(Andrew N. Schofield) 教授的主持下,应用离心模型试验模拟地震对沙土液化的影响、海洋石油平台的稳定分析等,这些卓有成效的工作促进了离心模型试验在世界上更广泛的应用与发展。日本也是较早开展土力学模型试验的国家。1965 年日本大阪大学在三笠正人(M. Mikasa) 领导下研制了一台离心机,之后许多单位纷纷建造了半径从 1.25 ~ 2.5m 不等的中型离心机。随后,美国、法国与西欧的一些国家也先后建造了形式不一的土工离心机。20 世纪 60 年代末期,土工离心模型试验进入新时期。20 世纪 70 年代,英国、日本和美国已形成了三大离心模型试验中心。

20 世纪 80 年代以来,土工离心模型试验又有了进一步发展,法国、丹麦、德国、意大利和荷兰相继建设了大型离心机,有效容量也有了较大的提升,并开展了多方面的土工离心模型试验。图 1-4 ~ 图 1-6 所示分别是丹麦、法国、荷兰建造的土工离心机。

1987 年 8 月美国加利福尼亚大学戴维斯分校(University of California, Davis, USA) 从美国国家航空航天局(NASA) 接收了一台半径为 9.14m 的土工离心机,如图 1-7 所示,该机器有效容量 $1080g\cdot t$,最大加速度 $300g$,最大荷载 3600kg。图 1-8 所示为美国科罗拉多大学博尔德分校教授 Hon-YimKo 为开展大坝稳定性研究于 1988 年建造的一台 $400g\cdot t$ 土工离心机,该离心机半径5.5m,最大加速度 $200g$,最大荷载 2000kg。此阶段建设的土工离心机开始逐渐配备多通道数据采集系统、视频监控系统和高速摄像系统等先进设备。至此,土工离心模型试验在数量、容量、技术及应用领域得到快速发展,成为岩土力学学科新的前沿和焦点。

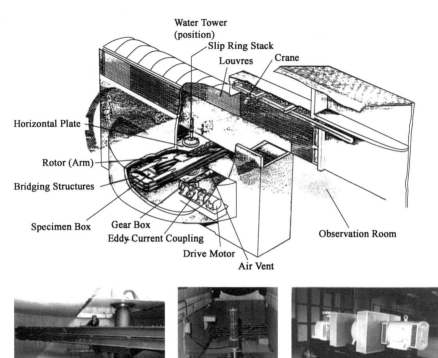

图1-3 剑桥大学岩土与环境研究中心的150$g \cdot t$土工离心机

图1-4 丹麦科技大学100$g \cdot t$土工离心机　　图1-5 法国道路与桥梁研究中心200$g \cdot t$
　　　　　　　　　　　　　　　　　　　　　　　　土工离心机

图1-6　荷兰岩土所600$g \cdot$t土工离心机

图1-7　美国加利福尼亚大学戴维斯分校1080$g \cdot$t巨型土工离心机

图1-8　美国科罗拉多大学博尔德分校400$g \cdot$t土工离心机

　　近年来,随着离心模型试验研究的深入,国际上土工离心机的建设逐渐开始向专业化方向发展。如东京技术学院为进行土—水—结构的界面问题研究于1998年建造了直径为2.2m的鼓式离心机,并进行了相关问题的研究。加拿大皇后大学矿业工程系为研究同矿山有关的问题建造了1台容量30$g \cdot$t的离心机,该机器的主要设备均为研究矿山问题专门设计,可以进行岩爆、冻土工程、尾矿坝等问题的研究。美国国家工程和环境实验室为进行环境问题研究建造了1

台容量50g·t的离心机,并配备了一系列辅助设备,使之可以进行诸如水文和生物岩土工程等与环境有关的研究工作。图1-9所示为美国哥伦比亚大学为开展滑坡模拟、饱和度试验和桩侧承载力方面的研究于2004年建造的一台容量150g·t的土工离心机。图1-10为澳大利亚西澳大学在2016年建造的土工离心机,该设施主要用于海底沉积物的机理、地质灾害和海底流动性以及管道和深海海洋工程等方面的研究。

图1-9　美国哥伦比亚大学150g·t土工离心机　　图1-10　澳大利亚西澳大学240g·t土工离心机

图1-11　美国陆军工程师研究与发展中心
1056g·t土工离心机

此外,为适应大型工程研究的需要,大型离心机的数量持续增多。图1-11所示为美国陆军工程师研究与发展中心的岩土工程和结构实验室在1998年建设的当今世界最大的土工离心机。它的有效容量1256g·t,旋转半径6.5m,最大荷载8800kg,最大加速度350g。图1-12所示是日本大林株式会社技术研究院于2000年建造的1台容量700g·t的大型离心机,配备有最大加速度50g的振动台,该离心机能在运转中自行调节20g·t的不平衡配重,以此来研究地震作用下地基承载力的变化和地基变形问题。

离心机数量的增加和专业化、大型化的发展趋势,使世界上逐渐形成了数个专门的离心模型试验中心,并形成了各自的特色。现阶段,国际土工离心机已获得很大的发展,特别是美、英、法等欧美国家以及日本等国,基本都已完成了离心机的研制和建设工作,离心机的容量和规模都达到空前的水平。截至2015年,国内外土工离心机总计约120台,其中日本37台、美国20台、俄罗斯12台、英国6台,国外其他国家包括荷兰、法国、丹麦、意大利、德国等30多台。表1-1列举了国外有效容量超过100g·t的土工离心机及其性能指标。

图1-12 日本大林株式会社700$g\cdot$t土工离心机

国外主要离心机及其技术性能指标 表1-1

单 位	时间	有效半径（m）	最大荷载（kg）	最大加速度（g）	有效容量（$g\cdot$t）
英国剑桥大学	1970	4.125	1150	130	150
英国曼彻斯特大学	1971	3.2	4500	130	600
日本港湾研究所	1980	3.8	2769	113	312
法国道桥研究中心	1985	5.5	2000	200	200
联邦德国鲁尔大学	1987	4.1	2000	250	500
意大利结构模型研究所	1987	2.0	400	600	240
美国加州大学戴维斯分校	1988	9.1	3600	300	1080
美国科罗拉多大学	1988	6	2000	200	200
美国桑地那实验中心	1988	7.6	7257	240	800
荷兰代尔夫特土工所	1989	6	5500	350	750
加拿大寒带海洋研究中心	1993	6.5	2200	200	220
日本竹中建设	1997	6.6	5000	200	500
日本土木研究所	1997	3.8	5000	150	400
日本西松建设	1998	6	1300	150	200
美国陆军工程师研究与发展中心	1998	6.5	8800	350	1256
丹麦科技大学	1998	2.63	1000	95	100
瑞士联邦技术研究院	2000	2.2	2000	440	880
日本大林组	2000	7	7000	120	700
美国哥伦比亚大学	2004	3.0	1500	200	150
印度理工学院	2012	4.5	250	100	250
澳大利亚西澳大学	2016	5.0	2400	100	240

1.2.2 我国土工离心机发展历史

20世纪50年代,中国岩土界在苏联学术界的影响下开始对离心机在土工试验中的应用有所认识。1957年,长江科学院提出建立一台大型水利工程综合应用离心机的设想并进行了可行性研究,在苏联专家的协助下于1958年完成了

整体设计,但最终未能实现,直到25年后的1983年年底才建成容量为180$g\cdot$t的土工离心机,如图1-13所示。1985年开始应用于解决工程问题,并将试验结果、土力学的数值分析和现场的原型观测相结合,对工程问题进行分析。最近,长江科学院又对土工离心机进行升级更新,升级后有效容量为200$g\cdot$t,并配备了降雨系统和机械手系统。

图1-13 长江科学院180$g\cdot$t土工离心机

南京水利科学研究院与原华东水利学院(现为河海大学)率先开展了土工离心模型试验工程应用研究,并于1982年在国内首次进行了土工离心模型试验。中国水利水电科学研究院于1984年承担建造一台半径5m、容量400$g\cdot$t,具有模拟地震功能的大型土工离心机。20世纪80年代,我国土工离心模型试验研究主要集中在南京水利科学研究院、长江科学院、中国水利水电科学研究院三家单位。之后,相继有河海大学、原上海铁道学院(今同济大学沪西校区)逐步建立了自己的离心机并进行了大量的土工离心模型试验研究。图1-14为南京水利科学研究院400$g\cdot$t土工离心机,图1-15为中国水利水电科学研究院450$g\cdot$t土工离心机。

图1-14 南京水利科学研究院400$g\cdot$t
土工离心机

图1-15 中国水利水电科学水科院450$g\cdot$t
土工离心机

20 世纪 90 年代,随着土工离心模拟试验技术在中国得到广泛推广和应用,西南交通大学、长安大学、同济大学等大学和科研院所相继建造了更加先进的土工离心机,更多的科研设计单位加入土工离心机模拟技术的研究和应用中,在基础理论研究、新技术研究应用领域都得到不断拓展。图 1-16 为同济大学建造的 150g.t 土工离心机。随着计算机在岩土工程中的迅速普及应用,土工离心模型试验技术取得了长足进展,应用领域也得到了进一步的扩大,不仅有一般的土工问题如边坡、地基、土压力、海洋工程、隧道工程,而且有渗流、地震、爆破和模拟大地构造等领域的内容。长江科学院首次将离心模型试验技术应用于岩石边坡应力应变和稳定性以及边坡不连续面构造部位破坏机理研究,还进行了土工织物加固地基的离心模型试验研究,验证地基在施工过程中的稳定性,并进行了加筋软基承载力的计算方法研究和验证。中国水利水电科学研究院对软基处理进行了离心模型试验研究,系统分析了深厚软基采用碎石振冲置换后筑坝的变形性状,并通过不同振冲置换量对比分析,优化出经济合理的方案。

最近 20 年来,土工离心机的数量及尺寸容量不断增加,应用领域不断扩大。离心模拟技术在岩土工程各领域得到普遍的认可及发展,随着科技水平的提高和机械加工工艺的进步,土工离心机与专业的试验装置所构成的土工离心机试验系统,在离心机主机结构系统、数据采集系统、振动台系统、机械手系统、降雨模拟装置、水位升降装置、波浪发生装置、爆破模拟与撞击装置等方面,都实现了非常大的进步。图 1-17 是香港科技大学在 2001 年建造的 400g·t 土工离心机,它是当时世界上最先进的土工离心机之一,同时研制出了世界上第一台水平双向振动台,安装了先进的 4 轴向机械手,并配备了精确的数据采集和控制系统,在近 20 年里,先后在这台土工离心机上进行了松散填土的潜在静态液化机理、浅表层松散填土边坡稳定性、船舶撞击桥墩等多项课题研究。

图 1-16 同济大学 150g·t 土工离心机 图 1-17 香港科技大学 400g·t 土工离心机

随后,我国土工离心机建设进入了井喷的阶段,一大批性能更先进、功能更完善的土工离心机试验系统不断落成。图 1-18 为浙江大学 400g·t 土工离心机,半径 4m,最大加速度 150g,配备一维振动台系统。图 1-19 为成都理工大学

$500g \cdot t$ 土工离心机,半径 $5m$,最大加速度 $250g$。图 1-20 为天科院 $500g \cdot t$ 土工离心机,半径 $5m$,最大荷载 $5000kg$,最大加速度 $250g$,它也是目前国内研制的有效容量最大、功能最先进的大型土工离心机之一,其配备了水平/垂直二维振动台、四自由度机械手、降雨模拟装置、水位升降装置和离心机造波系统。另外,郑州大学 $600g \cdot t$ 大型土工离心机正在设计阶段;中国水利水电科学研究院 $1000g \cdot t$ 大型土工离心机即将开工建设;浙江大学 $1500g \cdot t$ 大型土工离心机已经进入可行性研究阶段。我国的土工离心机都集中在高校和科研设计单位,截至现在,我国拥有土工离心机 20 多台。表 1-2 列出了国内主要的离心机及其性能指标。

图 1-18　浙江大学 $400g \cdot t$ 土工离心机

图 1-19　成都理工大学 $500g \cdot t$ 土工离心机

图 1-20　天科院 $500g \cdot t$ 土工离心机

国内主要离心机主要技术性能指标　　　　　　表 1-2

序号	单　位	时间	旋转半径 （m）	有效荷载 （kg）	最大加速度 （g）	有效容重 （$g \cdot t$）
1	原航空航天部 511 研究所	1960	6.5	80	850	68
2	原第二机械工业部第九研究设计院总体所（现为中国工程物理研究院）	1969	10.8	2400	90	216

续上表

序号	单　　位	时间	旋转半径（m）	有效荷载（kg）	最大加速度（g）	有效容重（g·t）
3	上海铁道大学	20世纪80年代	1.55	200	100	20
4	河海大学	1983	3.4	250	100	25
5	长江科学院	1983	3.0	300	500	150
6	南京水利科学研究院	1989	2.1	250	200	50
7	四川大学	1990	1.5	100	250	25
8	原成都科技大学	1991	1.5	250	100	25
9	南京水利科学研究院	1992	5.0	2000	200	400
10	中国水利水电科学研究院	1993	4.0	1500	300	450
11	清华大学	1993	2.0	250	200	50
12	香港科技大学	2000	4.4	400	150	400
13	西南交通大学	2002	2.7	500	200	100
14	重庆交通学院	2005	2.0	300	200	60
15	长安大学	2005	2.0	300	200	60
16	同济大学	2005	3.0	750	200	150
17	大连理工大学	2007	0.7	—	600	—
18	成都理工大学	2009	5.0	2000	250	500
19	浙江大学	2010	4.0	2500	150	400
20	长沙理工大学	2011	3.2	1000	150	150
21	地震局工程力学所	2012	5.5	3000	100	300
22	天科院	2016	5.0	5000	250	500

第 2 章 土工离心机主机及配套设备

2.1 土工离心机主机

2.1.1 土工离心机的技术指标

衡量土工离心机的技术性能一般采用以下几个技术参数：

1）有效容量

有效容量$(g \cdot t)$＝离心加速度(g)×模型质量(t)，是衡量离心机试验能力的重要指标。目前国际上有效容量最大的是美国陆军工程师研究与发展中心1256$g \cdot t$巨型土工离心机。我国中国水利水电科学研究院即将开工建造1000$g \cdot t$土工离心机，浙江大学的1500$g \cdot t$土工离心机也已经设计完毕，这两者已经属于巨型土工离心机的范畴。

2）有效半径

有效半径是从离心机转轴中心到模型重心的距离。在其他条件相同的情况下，有效半径越大，试验精度越高，目前国际上土工离心机最大有效半径为9.1m（美国加利福尼亚大学戴维斯分校1080$g \cdot t$巨型土工离心机）。

3）最大荷载

最大荷载亦指模型质量，是模型箱、土样、传感器和其他附属设备质量的总和，是衡量离心机负载能力的关键指标。目前国际上土工离心机最大荷载为8800kg（美国陆军工程师研究与发展中心1256$g \cdot t$巨型土工离心机），国内荷载最大的是天科院的500$g \cdot t$土工离心机，其最大荷载为5000kg。

4）最大离心加速度

相同大小的模型箱，离心加速度越大，可以模拟的范围越大，但同时试验的难度也越大。高加速度条件下将会带来一系列的问题：如机室的温升问题、模型箱的密封问题、传感器的精度问题、加载装置的可靠性问题、照相/摄像系统的稳定性问题等。目前，国际上土工离心机的最大加速度为600g（意大利结构模型研究所240$g \cdot t$土工离心机），中国水利水电科学研究院将建造加速度为1000g、有效容量为350$g \cdot t$土工离心机。

5) 吊篮尺寸

吊篮尺寸是衡量土工离心机试验能力的重要指标,大尺寸吊篮是离心机最大荷载的保证,也为试验的开展提供更大的便利性。近年来,国内外新建的土工离心机都配有巨大的模型吊篮,如天科院的土工离心机的吊篮尺寸为 1.5m × 1.4m×1.5m。

2.1.2 土工离心机的一般构成

大型土工离心机的主要特点是加速度高、荷载重、旋转半径大、辅助设备多、连续工作时间长。设计时需综合考虑主机与辅助系统的相互影响,使整机布局合理,使用维护、操作方便。离心机设计分转动系统(工作吊斗、转臂、仪器舱等)、传动系统(电机、减速机等)、驱动系统、监控系统等部分。各系统组成如图 2-1 ~ 图 2-3 所示。

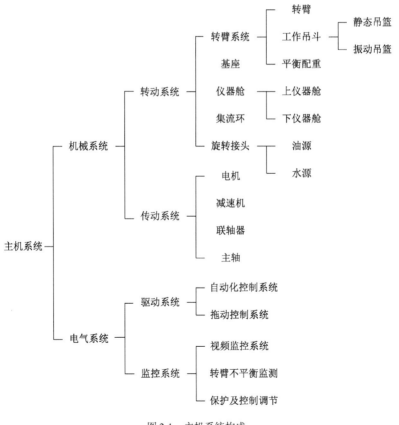

图 2-1 主机系统构成

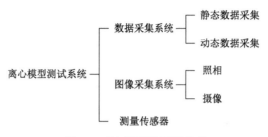

图2-2　离心模型测试系统构成

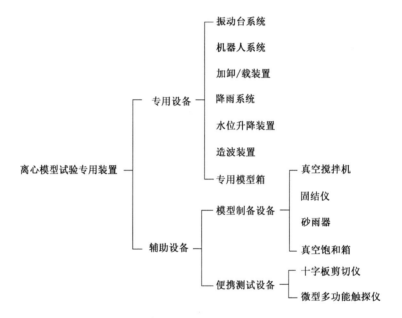

图2-3　土工离心机专用试验装置

土工离心机为高度专业化的机电一体化设备,其机械结构及机电联系示意图如图2-4所示。

2.1.2.1　机械系统

从图2-4中可以看出,通常土工离心机的机械系统主要由吊篮、转臂、主传动系统、配重系统、仪器舱、集流环等部分组成。下面针对土工离心机机械系统中比较关键的几个分系统做简要介绍。

1)基座(转动支承)

土工离心机是一种重型旋转设备。大型土工离心机转臂半径通常在3m以上,设备自身重量通常有几十吨,其运行时的离心负载将会达到几百吨甚至上千吨。土工离心机一般安装在多层建筑物里,主臂及基座安装在主机室、传动及驱动设备安装在主机室下层,试验室建设过程中大都使用交替安装的形式,一旦基座和主臂安装到位,由于建造结构的限制,难以实现基座、转臂等部件的再拆装。

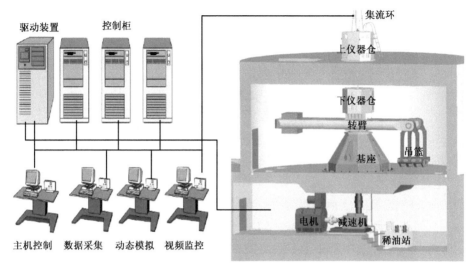

图 2-4　机械结构及机电联系示意图

基座用于支撑离心机转臂,是系统的承载和传动构件。基座设计一般为上小下大的钢制锥形构件,由外锥体、简体、圆形底板和加强筋焊接而成,如图 2-5 所示,基座内装主轴和轴承系,通过若干高强度地脚螺栓固定在主机室地面上。上端圆柱段通过胀套与转臂相连,圆锥段作为转臂的支撑与定位面,下端的圆柱段通过联轴器与减速器相连,从主轴下端传递电机驱动扭矩给离心机转臂。基座作为离心机的旋转中心和转臂支点,是保证设备稳定运行的关键部件。在近些年的设计中,基座内部大都设置了手动安全保护开关,确保机室内操作人员的人身安全。

轴承系结构如图 2-6 所示,包括 3 个轴承与主轴,其中上轴承(双列圆锥滚子轴承)承受径向不平衡力、中轴承(球面推力滚子轴承)承受轴向力。由于土工离心模型试验一般要持续较长时间,少则几小时,多则几十个小时,因此,润滑和冷却问题不可小视。在一般的轴承结构设计中,需为 3 个轴承设计可循环供油的润滑油通路,在设备运行过程中不间断地对轴承进行冷却与润滑;同时对上端的两个承载轴承设计温度传感器,可实时监测轴承温度,并可将监测温度反馈给主控系统,保证设备正常运转。主轴设计为中间大、两端小的空心轴结构。空心轴为安装在减速器下方旋转接头上的管线提供通向转臂系统的通道。

近些年,越来越多的土工离心机配备了振动台,针对转臂、基座及主轴的设计需要进一步考虑其运行中的影响,特别是径向激振力产生的振动冲击荷载。

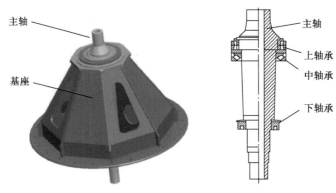

图 2-5　基座结构简图　　　　图 2-6　轴承系结构图

2)转臂系统

前文中提到,土工离心机的有效半径大小直接关系到试验的精度,随着土工离心机逐渐向着长转臂、大荷载方向发展,造成离心机在旋转过程中转臂往往要承受几千吨的离心力荷载,其设计方案中的安全系数取值需足够大,结构尺寸很大。不同的转臂结构形式直接关系到离心机的空气阻力和转动惯量的大小,这也将直接影响离心机的建设成本。因此,转臂系统的设计是土工离心机整体设计中最关键的部分。

(1)转臂的结构形式

离心机的转臂结构形式主要有两种:等长转臂和不等长转臂,如图 2-7 所示。等长转臂两端的结构形式基本相同,转动的时候两侧吊篮同时摆起,这样的设计有利于离心机运转时保证两侧的静、动平衡,而且可以同时开展两组基本相同的试验,有效缩短试验周期。缺点是转臂较重,迎风面积大,转动惯量大,惯性功率和风阻功率较大,能耗较高,制造成本较高。

图 2-7　等长转臂和不等长转臂结构形式

从相关公式可以看出,离心机的风阻功率和转臂半径的三次方成正比,惯性功率与转臂半径的二次方成正比。因此,合理缩短转臂的长度有助于降低离心机的总功率,这样不等长转臂应运而生。这种结构一般有两种形式,一种是在转臂的一侧放置平衡配重块,如图2-8所示,这种方式一般根据吊篮端模型的重量及质心计算转臂另一侧所需的配重质量,然后吊入相应厚度的配重块;另一种方式的配重数量已经确定,转动过程中通过改变配重与转轴中心的距离,以此保证转轴两侧的平衡,如图2-9所示,此类结构具有结构紧凑、操作简便、自动化程度高、安全可靠的优点。

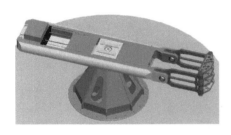

图2-8 配重块式配平不等臂结构

图2-9 移动式配平不等臂结构

(2)臂架结构

对于不等臂离心机,臂架结构安装在基座的主轴上,从主轴下端传递驱动系统扭矩使离心机转臂旋转,臂架一端用于安装吊篮,另一端放置固定配重和可调配重块。固定配重除配平转动系统摆平状态的静矩平衡,还需与定位箱体、尾梁等系统保证两根梁的相对位置要求,保证两根梁的受力状况一致。

由图2-10所示,臂架一般由拉力梁、定位箱体、转臂支承、固定配重和尾梁等组成。拉力梁在离心机的转动过程中承受巨大的离心拉力,其截面有圆形、圆环形、工字形和矩形几种形式。在臂架系统中,通常包含两条拉力梁结构,拉力梁通过横梁、定位箱体等结构,采用焊接或拴接的方式形成一个整体框架结构,满足力矩传递和稳定性要求。同时,在拉力梁上会对称设置若干力传感器,实现不平衡力监测,这为离心机安全稳定运行了提供可靠保障。转臂支承一般采用焊接结构,固定配重采用整体铸造而成。

通常,在满足臂架内部管线等辅助设备布置空间要求的情况下,臂架厚度不宜过大,为减小风阻,需在臂架两侧设计整流罩。当土工离心机配备振动台时,需特别考虑顺臂方向(径向)的振动给转臂或转轴带来的影响,一般措施是在臂架内设置相应的减振结构(板簧系统、减震橡胶或空气弹簧)。

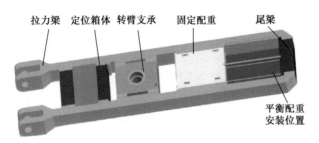

图 2-10　臂架结构图

3）吊篮

工作吊篮是联系模型箱与转臂的纽带,处于离心加速度场中。由于吊篮处于转臂端部,所承受的加速度值很大,需要承受包括模型、模型箱、自身质量共同产生的离心力,这也是离心机设计的主要荷载。因此,优化吊篮结构,减轻吊篮质量和改善其空气动力学特性,对降低离心机的整体功耗具有重要的意义。

工作吊篮结构如图 2-11 所示,土工离心机的吊篮一般都是摆动结构,在吊耳与转臂的连接处设置关节轴承;在吊耳与平台的连接处安装销轴,形成连杆机构,可隔离激振器工作时产生的切向激振力,减小激振器工作时对主机的影响。为了降低吊篮的风阻,可在吊耳两侧设计轻质材料的整流罩,设计合理的整流罩可以将吊篮的风阻系数降低到 0.5 左右。

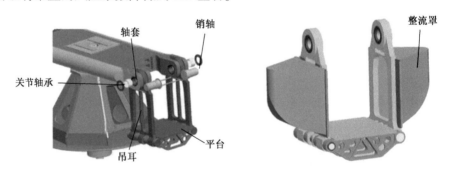

图 2-11　工作吊斗结构图

由于吊篮处于转臂端部,所承受的加速度值很大,需要承受包括模型、模型箱、自身质量共同产生的离心力,这也是离心机设计的主要荷载。因此,优化吊篮结构,减轻吊篮质量和改善其空气动力学特性,对降低离心机的整体功耗具有重要的意义。

4）仪器舱

仪器舱一般用来安装在旋转条件下工作的测试仪器、控制设备,动、静态数据采集系统和线缆接口等,大多位于转臂中轴的上方,这样做的好处可以减小离心力对设备的影响,同时操作维护起来方便。

近些年,随着离心机逐渐朝着大型化、专业化方向发展,离心机的附属试验设备逐渐增多(如振动台、机械手、造波系统等),传统的仪器舱布置方式难以满足实际需要。因此,最新建设的土工离心机实验室往往会设计多个仪器舱,如图 2-12 所示,天科院的 TK-C500 型土工离心机在转臂上方设置了下仪器舱,在机室顶部上方设置了上仪器舱。

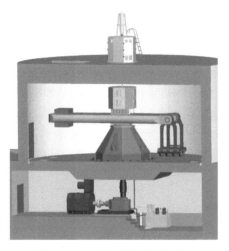

图 2-12　土工离心机实验室布置图

（1）上仪器舱

上仪器舱结构如图 2-13 所示,一般安装在离心机室的上层,用来安装控制

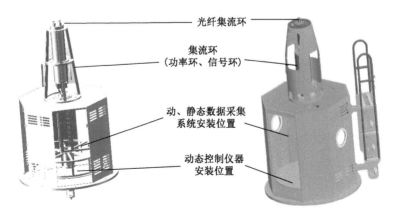

图 2-13　上仪器舱结构图

19

箱、数据采集系统和线缆接口等，同时为集流环和其他测量装置等提供支承。在进行上仪器舱整体设计时，需要注意预留足够的空间，安装振动台、机械手、加载设备或数据采集系统的控制箱。

（2）下仪器舱

下仪器舱的一般结构如图2-14所示。安装在转臂系统的中心部位，固定在转臂支承上，一方面起传递扭矩带动上仪器舱轴系随转臂系统转动，另一方面用于放置测试转换仪器，主要包括传感器信号转接板、平衡检测转接板、传感器隔离器以及电源隔离器等。

5）集流环

如图2-15所示，集流环一般安装在离心机上仪器舱顶部，通过线缆将信号传至主控室。从传统概念上来讲，集流环是指信号环、功率环（电力环）、液压环的总称，其作用是传输信号和提供试验所需的动力。随着试验的复杂程度不断增加，传统集流环的传输通道不足以满足试验要求，所以现在的集流环一般只用来传输试验数据、试验监视信号、提供控制通路等。按其功能的不同，集流环一般分为功率环、信号环、视频环；按其工作形式可以分为接触式集流环和非接触式集流环。

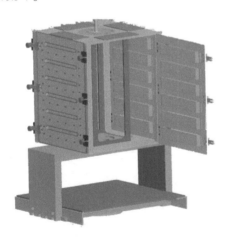

图2-14　下仪器舱结构图　　　　　　图2-15　集流环

目前较为通用的土工离心机集流环形式是：接触式的功率环和非接触式信号环的组合配置。功率环主要用于给离心机仪器舱内的设备提供电力，电压一般为220V，通道可达50路；信号环主要用于测量数据和视频信号的传输，通道可达200路。近些年落成的土工离心机多数使用激光式信号环。它主要优点是抗干扰能力强、传输速度快、带宽大、寿命长、无泄密、无电磁干扰。但是结构复杂,需要专门的光电转换装置。

6)旋转接头

图 2-16 为旋转接头(液压滑环)的一般结构形式和内部透视图,由内部轴体和外部壳体组成,形状呈圆柱形或圆锥形。主要功能是将试验所需的液压油、水和气传输至离心机转臂之上,用来进行振动台、加载或卸载、水位升降等模拟试验。

图 2-16 旋转接头

旋转接头随着离心机旋转,是使用频率最高的部件之一,在加工时为了保证其较长的寿命,一般采用特殊的金属材料加工,对加工精度的要求极高。同时,由于旋转接头所承受压力很大,接头内部应设置多组特殊材料的密封圈,旋转密封材料与结构形式都是专门特殊设计而成,其中,密封材料采用特制的耐高温、低摩擦系数且具有自润滑性能材料制造。结构设计上在旋转密封处要采取特殊工艺与特殊结构才能保证性能。

旋转接头一般安装在减速器输出轴的下端,这样的布局可消除旋转接头拆装及对其他系统造成的影响,同时降低维修难度。为方便拆装,旋转接头通常使用快速接头将液压、水和气的管路连接在旋转接头的侧壁上,通过预先铺设在减速器输出轴和离心机主轴内的管道传送到转动系统的相应位置。图 2-17 为天科院 TK-C500 型土工离心机旋转接头,其可提供高达 21MPa 的油压、3MPa 的水压和 3MPa 的气压。

7)传动系统

传动系统主要包括电机、减速机、联轴器和主轴几个部分。其主要功能是为转臂系统提供动力,将离心机动力源产生的转矩传递到主轴上,从而带动整个转臂转动。除香港科技大学的土工离心机采用液压马达驱动外,绝大多数的土工离心机都采用直流或者交流电机方式驱动。从降低成本和便于维护的角度出发,大多数土工离心机都采用直流电机加齿轮减速机的传动方式,如图 2-18 所示。

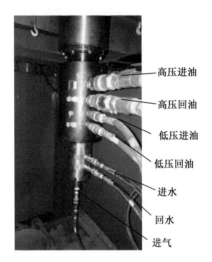

高压进油

高压回油

低压进油

低压回油

进水

回水

进气

图 2-17 旋转接头

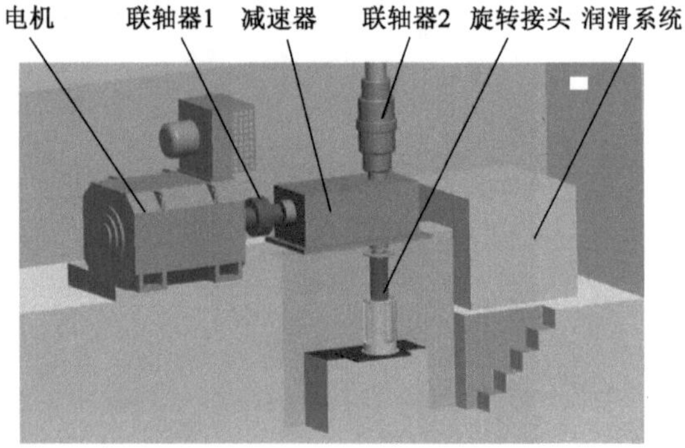

电机　联轴器1　减速器　联轴器2　旋转接头 润滑系统

图 2-18　传动系统结构示意图

（1）电机

电机大都采用通用技术生产的标准产品,最新落成的土工离心机多采用标准直流电动机。

（2）减速器

减速器一般采用非标定制硬齿面减速器,使用寿命一般大于 $2 \times 10^5 \mathrm{h}$,通过强制循环油进行润滑。

（3）联轴器

联轴器包括两个部分。联轴器 1 主要用于将电机和减速器的高速端相连,多为标准膜片联轴器;联轴器 2 主要用于将减速器的低速端和离心机主轴相连,多为立式鼓形齿式联轴器。在联轴器设计时,需注意联轴器立式安装的支承方式与润滑问题。

2.1.2.2　电气系统

电气系统由直流拖动控制系统和安全保护系统,系统主要配置如图 2-19 所示。

直流拖动控制系统由手动/自动控制单元、PLC 控制单元及直流驱动单元组成,系统总图如图 2-20 所示。系统完成的主要功能:

①离心机"启动""升速""稳速""减速""停机"运行过程控制。

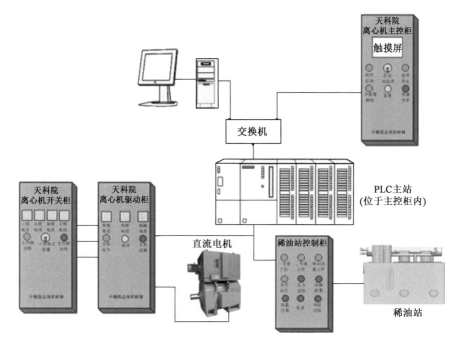

图 2-19 电气系统主要配置图

②离心机工作状态监测与保护。

③离心机运行中的主要参数监测与异常报警。

针对离心机使用设计的便利性和可操作性方面,目前的国内离心机厂家已经做了极大的优化,就控制方式来说,主要分为手动控制单元、自动控制单元和 PLC 控制单元。

(1)手动控制单元

手动控制单元由触摸屏实现,通过触摸屏的人机界面设置加速度值,手动控制离心机的升速与减速,实时监测运行过程中各种状态和主要参数,并通过以太网与 PLC 交换数据。人机界面设置有各种操作按钮、显示仪表、状态指示等,详细设置如下:

①操作按钮:加速度设置、电机风机、润滑油泵、离心机的启动与停止等。

②显示仪表:电机电压、电流、励磁电流、转臂平衡状态、上轴承温度、中轴承温度、机室温度等。

③状态指示:风机、油泵、驱动装置和离心机的启动与停止、油压、油位、油泵正常、驱动装置正常、连锁正常、机室门、可启动等。

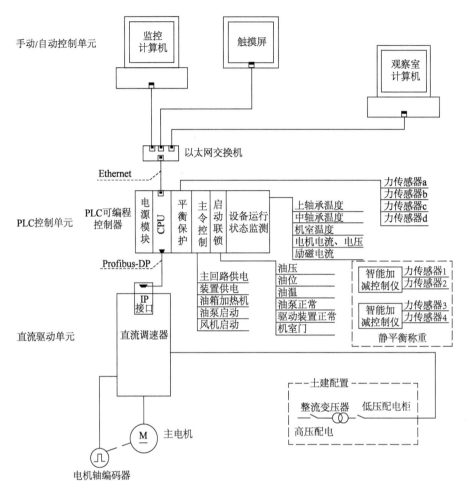

图 2-20 直流拖动控制系统总图

（2）自动控制单元

自动控制单元由监控计算机实现，通过具有故障诊断能力、界面友好、易于操作、显示清晰、功能易于扩展的监控软件实现离心机的自动控制，自动控制系统软件设计简要流程如图 2-21 所示，软件置离心机运行参数（加速度、升速时间、稳速时间等），并根据负载重量和离心机允许的最大荷载，限制离心机最大加速度值，控制离心机按设定程序运行，实时监测系统状态和主要参数，其监控界面可参考图 2-22。

控制软件一般应具有以下功能：

①离心机启动前，自动检测设备各状态是否正常；

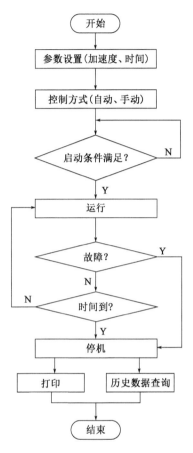

图 2-21 自控系统软件流程

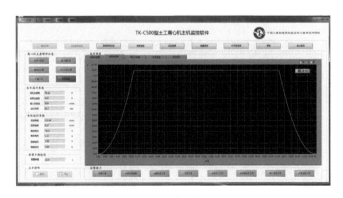

图 2-22 监控系统界面

②控制离心机的启动、运行、停止；

③离心机运行过程中监测系统主要参数；

④处理系统出现的异常状况；

⑤保存系统运行历史数据；

⑥自动生成并打印实验报告单。

（3）PLC控制单元

PLC控制单元由可编程控制器及扩展模块组成，实现主令控制、逻辑运算等功能。

①PLC可编程控制器。PLC作为系统控制的主要设备，通过上下两级网络将上位机与驱动控制系统连接起来，是系统数据的处理和交换中心。其完成的主要功能有：操作指令、系统状态的逻辑处理；平衡保护及动平衡调整；设备状态数据的采集与处理；控制执行器的动作等。系统主要配置及功能如下：

a. Profibus-DP现场总线接口，具备实时通信功能和高可靠性，用于向下连接直流调速器。

b. 工业以太网接口模块，实现大容量数据高速通信，用于向上连接上位机及触摸屏。

c. DI模块用于输入系统的状态信号。

d. DO模块用于输出设备控制信号。

e. AI模块用于采集温度、压力等模拟量信号。

②主令控制。主令控制系统主要完成离心机的系统供电、电机散热风机、传动系统润滑油站、驱动装置等的启动与停止过程控制，控制逻辑如图2-23所示。

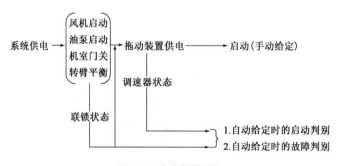

图2-23　主令控制逻辑

③安全保护。系统安全保护一般采用启动连锁与实时安全监测方式，对离心机转臂平衡状态、轴承温度、电机电流等主要参数进行实时监视与测量，判断与处理运行过程中的异常状态，确保离心机安全、可靠地运行。主要功能包括：

a. 主轴承温度、机室温度等参数监测。当状态信号超过阈值或为故障信号时，视自动运行或手动运行而自动报警保护或手动保护。

b. 离心机启动连锁。电机散热风机、传动系统润滑油站的油压、油位和油温、离心机室门等工作状态监测，当状态不正常时，离心机不能启动或在运行中状态异常时离心机自动停机。

c. 直流调速器具有完备的故障诊断、结果记忆、自动保护的功能，如对电枢过流或开路、电源故障、反馈故障、外部故障、磁场故障、过载、通信故障等都能做出有效诊断和自动保护与故障显示。

d. 手动应急处理控键，执行强制停机与断电。

e. 转臂不平衡检测与保护。当不平衡力超过最大荷载的5%时，不平衡报警并控制离心机减速停机。

④直流驱动单元。采用ABB或SIEMENS可逆全数字直流调速器和直流电机组成离心机驱动控制系统。在转速控制上，采用电流反馈和脉冲编码器转速反馈构成双闭环调速方式。设备单向运行，逆变制动，具有电流自适应功能、自诊断处理功能。

直流调速器特点如下：

a. 集成了可控硅整流模块，冷却风扇，使系统结构紧凑，可靠性更高。

b. 所有算法均由高效微处理器完成，微处理器较高的工作主频，保证了全数字方式下电流环的快速性，获得优异的动态性能；采用可逆无环流反并联系统，具有快速的调节性能。

c. 能对电流环、速度环、磁场等进行优化，使系统调节到最佳状态进行工作。

d. 具有完备的监控和诊断功能，应对电网故障、通信接口故障。

e. 可对传动系统故障、起动过程故障等，实现有效的判断和保护。

f. 带光电编码器反馈的闭环控制系统具有很好的动态性能和很高的控制精度。

2.1.2.3 土工离心机监视系统

离心机在运转过程中，除了对离心机运转参数进行监控之外，还需通过视频摄像监视离心机运行和试验情况，如各离心机或模型箱内外各部件的运转状态、传感器导线的绑扎状态、模型箱内部土体变形等，系统框图如图2-24所示。现如今，监视系统多采用数字视频监控方式，对图像进行数字化处理，然后进行存储、传输及相关处理。配置的视频监控软件，不仅多幅画面能在一台显示器上同时显示，还可以对任何一幅画面进行设置，以数字方式存储在系统配置的大容量硬盘上，可以保证图像清晰度、可靠性和长期性。

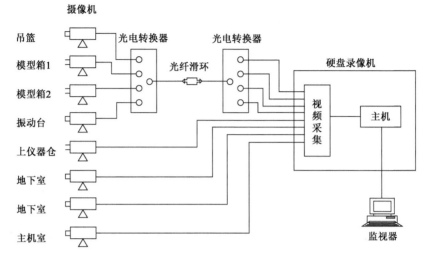

图 2-24　视频监视系统框图

在试验室建设时,可参考图 2-24 的布置方式,对以下部件进行监视:

①离心机主机室三路,实现对离心机转臂系统工作情况的 360° 无死角监视。

②离心机转臂上四路,分别监视吊篮、模型箱和动态模型试验。

③地下室两路,监视传动系统和旋转接头工作情况。

④离心机上仪器舱一路,监视测量设备运行情况。

设计监视系统时,以下技术参数需要注意以下几个问题:

①数字压缩存储的多媒体监控。摄像机采集到的图像经处理后,以数字方式存储在系统配置的硬盘上,保证了图像保存清晰度、可靠性和长期性需要。经过压缩的图像存储量大大减少。

②图像大小、录像帧速、图像质量可调。通过软件来实现图像存储质量任意调整,且不影响清晰度,录像的帧速在从每帧几秒到每秒几帧可以调整;图像质量高低可调,可调节亮度、对比度、饱和度、色调等。

③易查找存储的图像文件。用户可根据需要在任意时间对录像图像进行选择性回放。支持双工的录像/回放功能,即在录像的同时还可检索回放文件;可设置文件播放速度:正常播放速度 25 帧/秒,快放、快进、慢放、单帧回放、定点回放均可实现。

④可程控录影时间表、可循环录像。用户可自己设定何时自动开启系统录像,何时自动关闭录像,可以设多个录像的时间段。当硬盘存满时可以从头开始

覆盖,循环录制。

⑤捕获静态画面。随时可以从正在录像或播放的图像中捕获静态画面,作为标准的 BMP 格式文件存放于硬盘中或打印出来。

⑥可通过因特网或局域网进行远程监视或录制。系统提供了强大的网络功能,用户可通过 STN/ISDN/LAN/INTERNET 等方式连接远程终端,可实时监视或录像。

⑦数字硬盘录制容量大、时间长。系统需配置大容量固态硬盘,图像经高压缩存储,可保存长时间录像内容。数字硬盘实时录像,起动快,容量大,克服了传统录像机监控方式每天换带的弊端,也不存在录像机磁头/磁带磨损问题。

⑧操作简便。监控软件宜使用 Windows 的标准应用程序,采用全中文菜单,图形方式操作,仅点击鼠标即可完成所有工作。具有在线帮助功能。系统在录像状态下可执行 Windows 能运行的程序,如上网、文字处理等。

2.1.2.4　中控大屏显示系统

中控大屏显示系统主要用于土工离心机监视系统视频信号的投放,使得操控人员对离心机运行状态的观察更加直观。图 2-25 为天科院主控室中控大屏显示系统,此系统配备 3 行×4 列,共 12 台 46 寸液晶显示屏、智能拼接器和控制软件等。图 2-26 为大屏控制软件操作界面。

图 2-25　天科院主控室中控大屏显示系统

中控大屏显示系统设计时应注意以下问题:

①在条件允许的情况下,单张屏幕尺寸不宜过小,以大于 46 寸为宜。

②屏幕拼接缝应小于 5mm,否则若干屏幕拼接带来的黑缝会影响观看效果,最新款的产品可以将拼接缝减小到 1.5mm 左右。

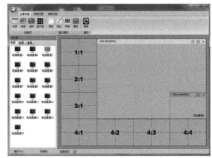

图 2-26　中控大屏显示系统控制软件

③视频矩阵拼接器应支持 VGA、DVI、HDMI 等多种接口,支持多组分辨率及输出显示模式,可根据现场要求任意调整。

④单通道应支持 2K 分辨率以上的超高清信号,并可根据现场要求,对输出分辨率进行任意调整。

⑤由于拼接器机箱的散热需求高,部分机箱噪声非常大,这点需要特别注意。

⑥大屏的维护方式分为前维护和后维护,可根据中控室条件进行选择。

⑦整套系统应预留一定的输入和输出通道,以备不时之需。

2.1.2.5　转臂不平衡监测系统

对于大型土工离心机来说,其旋转半径长、转速低,为了能得到高精度的离心加速度,除了要靠高精度的控制系统来保证,还要求离心机有好的静、动平衡状态,否则难以保证离心机的平稳运行。由于机械加工误差、材料质量分布、轴系安装误差等原因,特别是离心机每次试验都要安放不同重量的模型,在试验过程中随着加速度值的变化,吊篮内装物的质心位置不断变化,使离心机的平衡状态总在改变。这就要求能够实时的将不平衡力检测并计算出来,其值与离心机监控系统中设置的不平衡力预警值相比较,根据不同的不平衡状态,进行相应的处理,以满足离心机的动平衡要求。

平衡系统包括平衡保护和不平衡力监测两个部分。主要完成离心机运行时的转臂平衡状态检测、不平衡力监测与不平衡超限保护功能。不平衡力大小在监控计算机及触摸屏上实时显示,原理框图如图 2-27 所示。系统由力传感器、变送器及 PLC 等组成,转臂两端各安装两个力传感器进行不平衡力的检测,传感器的输出值送入 PLC,根据 PLC 的运算结果实现以下两种功能:

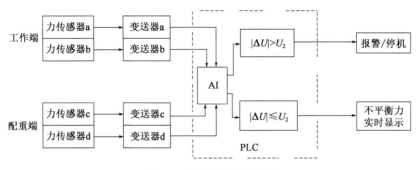

图 2-27 平衡控制原理框图

在离心机运行过程中监测转臂平衡状态及不平衡力大小并在计算机或触摸屏上实时显示,通过转臂两端的力传感器检测不平衡力,将变送器输出值输入 PLC 的 AI 模块,经 PLC 运算得到不平衡力$|\Delta U|$的大小,由 PLC 进行比较当$|\Delta U| \leqslant U_2$时离心机正常运行,不平衡力值在人机界面实时显示,若$|\Delta U| > U_2$则报警并自动控制离心机停止运行。平衡保护在离心机的整个运行过程中始终发挥作用。一般情况下,当不平衡力超过离心机最大荷载的 5% 时,系统报警并输出信号至主令控制单元,通过连锁电路使离心机停止运行。

自 20 世纪 80 年代,世界上研制的土工离心机大多带有自动平衡调节装置,以解决离心机在运行过程中不平衡力的自动调节问题。较为典型的形式是:南京水科院的 $400g \cdot t$ 土工离心机和天科院的 $500g \cdot t$ 土工离心机都采用了水平衡调节方式,通过向水箱供水和向机室排水来动态调节转臂的平衡;同济大学 $150g \cdot t$ 土工离心机采用液压驱动平衡块在转臂上移动,实现转臂的平衡;日本国土交通省 $150g \cdot t$ 土工离心机和长沙理工大学的 $150g \cdot t$ 土工离心机,采用电机驱动平衡块在转臂上移动,实现转臂的平衡。总之,不论哪种方式,都是依靠在转臂方向上移动一定质量的块体或增加重量的方式调节转臂两侧的平衡。

2.2 离心模型试验测试系统

离心模型试验测试系统主要由数据采集系统、图像采集系统和测量传感器组成。各种传感器测量信号通过数字变换后,经有线或无线网传输到地面,地面计算机可以对离心机上的调理器进行参数设置,包括应变参数、增益、平衡、激励电流等。这种传输方式能解决滑环接触电阻的变化对数据传输的影响问题。

31

2.2.1 数据采集系统

数据采集系统是模型试验测试系统中的关键设备,试验数据的正确采集和处理,关系到整个试验的成败。根据国内土工离心试验的情况看,传感器信号的采集主要以压力、应变、位移量的测量为主。数据采集系统分为静态数据采集系统和动态数据采集系统,下面将分别进行介绍。

2.2.1.1 静态数据采集系统

早期的数据采集系统放置在集流环的后端,传感器信号直接通过集流环传输到地面接收设备。这种方式的缺点是传感器信号弱、易受干扰、所需通道多,这种方式已经过时。后来,数据采集和传输过程中,对传感器信号进行放大后再通过集流环传至地面计算机。例如,英国剑桥大学、日本港湾研究所、美国科罗拉多大学、意大利 ISMES 等的土工离心机均采用这种采集系统。但测量实践表明,此种模拟信号的传输对滑环的精度要求很高,要求通道多,信号抗干扰能力有所提升但还是会受干扰。

随着计算机技术的发展,分布式信号采集系统和数据处理系统得到了广泛应用。静态信号经过下仪器舱内的采集模块调理、放大后,传输至下位机(采集计算机),下位机对信号进行存储,然后通过上位机(地面计算机)与下位机的通讯来实现数据的交换和传输,这时通过集流环的信号已经是数字信号,这样做可以把信号干扰降到最低,也解决了需要大量信号通道的问题,其结构框图如图 2-28 所示。

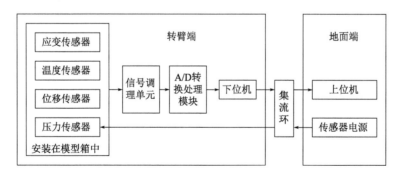

图 2-28 静态数据采集系统框图

目前,一个采集模块通常具备 8～10 个通道,几个模块可以串联,扩展性强,使用起来也较为灵活。图 2-29 为天科院数据采集系统,该系统配备 16 组采集模块,共 160 个传输通道,同时使用抗混叠过滤器对信号进行处理,降低通道间的相互干扰。静态数据采集系统的采样频率较低,一般都在 1000Hz 以下,可根据试验情况进行设定。

图 2-29 天科院数据采集模块及抗混叠过滤模块

2.2.1.2 动态数据采集系统

动态数据采集系统主要采集土压力、孔隙水压力、位移和加速度在模型突然发生变化时的瞬态信号。试验之前,地面计算机可对每个通道的采样频率、采样时间、放大倍数、滤波等参数进行设置,采集过程中可实现多通道波形显示。动态数据采集系统框图如图 2-30 所示。

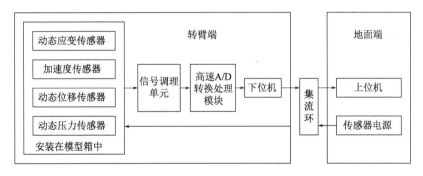

图 2-30 动态数据采集系统框图

动态数据采集的实时性要求高,在设计时应考虑以下几个问题:

(1)在动态模型试验中,由于动态压力、位移、加速度的变化很快(如地震模拟试验、爆炸冲击模拟试验等),要求系统要具备较高的采样频率,设计时每通道的采样频率应不低于 10kHz。

(2)在了解试验参数变化频率的基础上,应尽量压缩放大器的带宽,增加低通、高通滤波器,尽量将不必要的干扰信号排除。一般地震模拟试验信号输出频率在500Hz以内,而在试验中多数给定范围在20~250Hz之间。

(3)由于动态试验采集频率高、数据量大,在试验过程中为防止数据丢失,应扩大下位机的存储带宽,并内置若干高速存储硬盘,供上位机(地面计算机)随时调取数据使用。

(4)在进行爆炸等瞬态变化模拟试验时,数采系统应具备同步触发采样功能,准确抓取试验数据。

(5)由于采样频率高、放大器频带宽,工作时更容易受到外界干扰,因此,在数据传输电缆的选择上要特别注意,同时要采取多种措施消除干扰。

2.2.2 图像采集系统

在土工离心模型试验中,另一种获得试验数据的方法是图像采集方式。该系统配备照相机、摄像机及控制软件,通过采集模型剖面或表面形状的图像,经过后期图像处理得到土体变形的数据。

2.2.2.1 照相系统

PIV(Particle Image Velocimetry)又称粒子图像测速法,是20世纪70年代末发展起来的一种瞬态、多点、无接触式的流体力学测速方法。PIV系统通常主要由4部分组成:照相机、光源、图像采集系统是为得到可供位移分析的高质量图像所必需的硬件组成,是整个PIV系统的基础;位移/速度矢量计算软件是整个PIV系统的关键,用于从图像上提取速度/位移信息。

如图2-31所示,PIV系统的基本原理是在流场中散布示踪粒子,用自然光或激光片光源照射流场区域,形成光照平面,使用照相设备获得示踪粒子的运动图像,并记录相邻两帧图像的时间间隔,通过软件对这两张图像进行关联分析,识别示踪粒子的位移,从而得到流体的速度场。在PIV测速技术中,高质量的示踪粒子要求为:①相对密度尽可能与试验流体(土体)相一致;②足够小的尺度;③形状尽可能圆且大小分布尽可能均匀;④有足够高的光散射效率。

在土工离心模型试验中,利用照相设备采集图片,将土体变形前后摄取的灰度图像分割成若干均匀网格。将变形前某一网格在变形后图像指定范围内进行全场匹配和相关运算,根据峰值相关系数确定该网格在变形后的位置,由此可以得到该网格的像素位移,再根据一定的比例关系转换得到网格中心点的物理位移。对变形前所有网格进行类似运算就可以得到整个位移场。

土工离心机上的PIV系统跟地面上常用的系统在使用环境上有较大的区别,离心机的高速旋转会产生高重力场,这对相机本身是一个极大的挑战,另外,温度、振动、电磁干扰、灯光的闪烁和模型透过玻璃产生的畸变,都会对系统的测

量精度和信号传输产生较大影响。因此,在设计图像采集系统时需要考虑以下
几个问题:

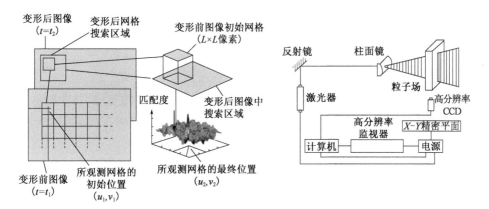

图 2-31　PIV 分析方法的基本原理

(1)摄像机和照相机的选择。在土工离心模型试验中,摄像机一般布置在
模型箱顶部和侧方,固定位置距离转轴中心较远,所承受的离心加速度很高,所
以摄像机和照相机本身的可靠性需要得到保证,其可承受最大离心加速度以大
于 $100g$ 为宜,这样可以满足大部分试验要求,图 2-32 为 BASLER 工业相机。

图 2-32　BASLER acA2000 和 acA4600 工业相机

(2)信号调理器、数据采集与处理单元要能承受高重力场环境。在选择单
元部件时一定要考虑体积小,内部结构坚固的产品,在选择布置位置时,尽量将
系统靠近主轴,减小离心力的影响。

(3)配备稳定的面光源。长期实践证明,高质量的照片图像离不开稳定的
面光源,光源以 LED 矩阵最为适宜,且根据具体试验的不同,光源的亮度和色温
可调,其次要在光源表面设置柔光布或柔光板,以避免在照相机模型箱玻璃面可
视范围内的反光问题。

（4）保证照相机支架的变形量尽可能小。在进行照相机支架设计时,应保证支架的刚度,减小支架和所支撑照相机的自重带来的支架变形。

（5）对于闪光拍照图像采集系统,其中的光源能量、闪光时间、闪光同步是获取正常曝光照片的关键,点光源和散光源的选用都对图像质量产生影响,要尽量避免机室内灯光对照相系统的影响。

2.2.2.2 摄像系统

摄像系统主要用于大变形的土工离心模型试验的监控和录像,其安装方式与照相系统相同,只是将照相机改成摄像机。大多数高清摄像系统配置要求很高,对光源、镜头、像素、帧率、视频传输、存储等都有很高的要求,一般由高速摄像机、摄像控制器、图像采集卡、光源等组成,其中:

（1）镜头。一般采用定焦标准镜头,一是考虑在高 g 值下,定焦镜头工作稳定,二是考虑拍摄图像后期处理比较方便,在低照度情况下,尽量选用 F 值较大的镜头,最大光圈建议大于 $F1.5$。

（2）摄像机。如果拍摄流体或土体位移变化快的图像,就要配置高帧数专用摄像机。一般在 30 ~ 10000 帧/s,所获得的图像很清晰,可以在后期处理中抽取其中的图片进行分析。

（3）光源。需要拍摄快速变化的模型图像时,常用光源通常为连续或脉冲式光源,脉冲能量需要数百毫焦,脉冲宽度为几十个纳秒,如果是双脉冲光源则需要在外部同步控制器信号的触发下,产生两路光脉冲光束。对于慢变化图像采集,与照相系统一样,可以选用普通连续散光源,要尽量消除光源在有机玻璃面上的反射。

（4）图像采集控制器及采集卡。由于高清视频的分辨率高和帧数高,每个视频文件很大,如240s的高清视频文件大小可达24GB,因此,应采用光纤集流环传输到地面计算机,也可以在图像采集控制器内存储,存储器应配备若干高容量的固态硬盘。

2.2.3 测量传感器

在土工离心模型试验中测量的物理量主要包括:土压力;孔隙水压力;结构物的应变、应力;土的沉降、变形;振动加速度;温度、含水率、污染物浓度;土的强度、加卸/载过程中的荷载力等。这些物理量需要通过各种微型传感器来测量。根据测量物理参数的类型,主要分为力、位移、加速度、应变等。

2.2.3.1 位移传感器

位移传感器,是离心模型试验测量位移的主要方法之一。位移传感器分为接触式和非接触式两种。

1）接触式位移传感器

LVDT（Linear Variable Differential Transformer）是线性可变差动变压器缩写，属于直线位移传感器，如图 2-33 所示，是日常中使用频率较高的接触式传感器。工作原理简单地说是铁芯可动变压器。它由一个初级线圈、两个次级线圈、铁芯、线圈骨架、外壳等部件组成。初级线圈、次级线圈分布在线圈骨架上，线圈内部有一个可自由移动的杆状铁

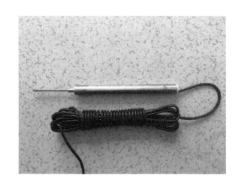

图2-33　LVDT位移传感器

芯。当铁芯处于中间位置时，两个次级线圈产生的感应电动势相等，这样输出电压为零；当铁芯在线圈内部移动并偏离中心位置时，两个线圈产生的感应电动势不等，有电压输出，其电压大小取决于位移量的大小。为了提高传感器的灵敏度、改善传感器的线性度、增大传感器的线性范围，设计时将两个线圈反串相接、两个次级线圈的电压极性相反，LVDT输出的电压是两个次级线圈的电压之差，这个输出的电压值与铁芯的位移量呈线性关系。

此类传感器测量范围一般是 ±10mm、±25mm、±50mm 等；输入电压为直流6~12V，输出为0~2V，测量精度宜高于0.1% F.S。此外，传感器探杆顶针宜设计成螺纹连接，当探杆长度不满足使用要求时，可将顶针拧下，使用铝合金空心管对探杆进行加长，如图 2-34 所示。此类传感器的特点是测量精度高、体积小、结构简单、性能稳定、抗干扰能力强、接触测量频率0~200Hz。

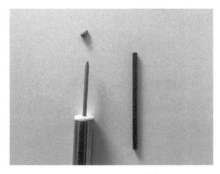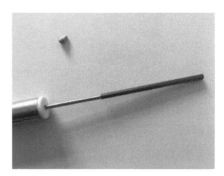

图2-34　LVDT位移传感器延长杆

2）非接触式位移传感器

激光位移传感器是近年来新出现的一种非接触式位移传感器，其特点是不

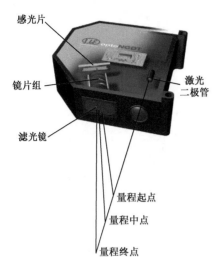

感光片

镜片组

滤光镜

激光二极管

量程起点

量程中点

量程终点

图2-35　激光位移传感器结构构成

与模型接触,对模型无影响,使用方便,如图2-35所示。此外它可以测量某一点的变形,也可以用来扫描一个截面,可以得到一个截面的变形形状,适合有特殊要求的试验使用。但此种传感器也存在一定的局限性,测量范围较小、无法透过水体进行测量等。

2.2.3.2　土压力传感器

土压力传感器用来测量土体内部的土压力。土压力传感器分为两种:应变式和半导体式。尺寸一般不超过 $\phi15 \times 4mm$,综合精度宜高于 $0.5\% \text{F} \cdot \text{S}$。在土压力的测量中,应注意传感器的大小与模型土颗粒的大小关系,避免尺寸效应的发生。此外土压力传感器有受力面,在制模时应准确的定位和安装,减小测量误差。当需要测量结构物表面的受力时,需保证传感器的受力面与被测结构物受力面平行,这种方法只对结构物的平面来测量是有效的。土压力传感器如图2-36所示。

目前,应变式土壤压力传感器使用最为广泛,其在测量端壳体内部封装了若干已经形成桥路的微型应变计,其特点是结构紧凑、外形结构尺寸小,传感器可承受离心加速度高,固有频率高,主体结构采用特种不锈钢材料、环境适应性强,可在外部恶劣环境下正常工作。但是,此种传感器随着使用次数和时间的增长,传感器会产生时漂、温漂等现象。因此,每次使用之前,需对传感器进行逐一标定,标定设备将在后面内容进行介绍。

随着制造工艺的进步,近几年我国还成功研制出了溅射薄膜土压力传感器。该传感器是采用真空溅射薄膜的原理制备溅射薄膜压力敏感芯体,消除了应变计时漂、温漂、蠕变、滞后、易老化等缺陷,具有较好的稳定性和适应恶劣环境变化性等传统工艺所无法达到的优点。外形如图2-37所示。

2.2.3.3　孔隙水压力传感器

孔隙水压力传感器如图2-38所示,用来测量饱和土体在荷载情况下的孔隙水压力升高、消散的变化过程,也用来监测地基土的固结过程。在离心模型动态试验中,可通过测量孔隙水压力的产生和消散,判断砂土的液化。

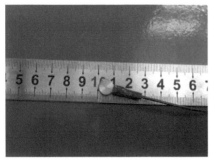

图2-36　中物院1MPa土压传感器

图2-37　溅射薄膜土壤压力传感器

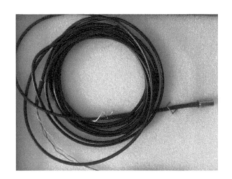

图2-38　孔压传感器

2.2.3.4　加速度传感器

加速度传感器用来测量土体或结构物加速度变化,是开展土工抗震研究中必不可少的一种传感器。加速度传感器由检测质量(也称敏感质量)、支承、电位器、弹簧、阻尼器和壳体组成。检测质量受支承的约束只能沿一条轴线移动,这个轴常称为输入轴或敏感轴。当仪表壳体随着运载体沿敏感轴方向作加速运动时,根据牛顿定律,具有一定惯性的检测质量力图保持其原来的运动状态不变。它与壳体之间将产生相对运动,使弹簧变形,于是检测质量在弹簧力的作用下随之加速运动。当弹簧力与检测质量加速运动时产生的惯性力相平衡时,检测质量与壳体之间便不再有相对运动,这时弹簧的变形反映被测加速度的大小。其实物外形如图2-39所示。

2.2.3.5　应变测量

当开展结构与土相互作用的土工离心机模型试验,例如码头桩基承台模型试验、隧道盾构模型试验、基坑开挖环境模型试验等,需测量结构物本身的变形情况,如轴力、纵向弯矩、环向弯矩、拉裂等指标,需要在结构物表面或内部粘贴电阻应变计。图 2-40 和图 2-41 分别为中航电测 BF120-3AA 型电阻应变计和美国 Micron instruments U sharp 电阻应变计。

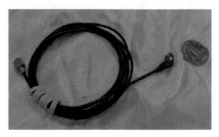

图 2-39 加速度传感器

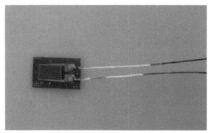

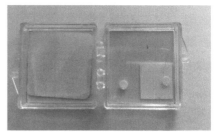

图 2-40 中航电测 BF120-3AA 型电阻应变计　　图 2-41 美国 Micron instruments U sharp
电阻应变计

　　电阻应变计的工作原理是基于应变效应,即导体或半导体材料在外界力的作用下产生机械形变时,其阻值相应发生变化。用应变计测试时,应变计要牢固地粘贴在测试体的表面,当测件受力发生形变,应变计的敏感栅发生变形,其电阻值也随之发生相应的变化。通过测量电路,转换成电信号输出显示。

　　应变计一般需要组成直流电桥桥路使用,电路根据应变片的个数不同,可以将桥路分为三种电桥,即单臂(1/4 桥)、半桥、全桥电路。应变桥路连接方式如图 2-42 所示。

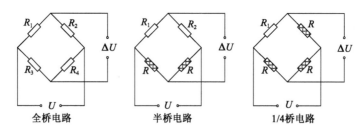

图 2-42 应变桥路连接方式

根据不同的测试情况,接应变计的数量和方式有不同。具体分为方式1到方式6,参见表2-1。

序 号	名称及用途	现场实例
方式1	1/4桥适用于测量简单拉伸压缩或弯曲应变	
方式2	半桥(1片工作片,1片补偿片)适用于较恶劣环境中的测量简单拉伸压缩或弯曲应变	
方式3	半桥(2片工作片)适用于环境温度变化较大情况下的测量简单拉伸压缩或弯曲应变	
方式4	半桥(2片工作片)适用于只测弯曲应变,消除了拉伸和压缩应变	

电阻应变计桥路类型及适用范围　　　　　　表2-1

序　号	名称及用途	现场实例
方式5	全桥(4片工作片)适用于只测拉伸和压缩的应变	R_g1　R_g2　R_g3　R_g4　R_g1　R_g2
方式6	全桥(4片工作片)适用于只测弯曲的应变	R_g1 R_g3　R_g2 R_g4　R_g1　R_g3

2.2.3.6 普通压力传感器

压力传感器是用于加/卸载试验中对控制系统进行力反馈的一种传感器。试验过程中,需根据试验的要求和种类的不同,可以选取不同的形状和量程。普通压力传感器的外形主要有以下两种:法兰盘形和S形,如图2-43和图2-44所示;量程从100~20000kg不等,精度一般大于1%F.S.。在采购时,需要根据数据采集系统的要求,选择其输入/输出电压及输出信号类型(电流或电压输出)。

图2-43　法兰盘形压力传感器

图2-44　S形压力传感器

2.3 土工离心机振动台

土工离心机振动台主要应用于研究岩土的动力学问题,由于其能真实模拟原型应力场中的应力条件,能精确地再现原型在实际应力条件下的真实动力响应,可以提高土工抗震研究水平,解决相关的岩土工程抗震问题,因此,动力离心模型试验技术在地震破坏机理、抗震设计计算及数值模型验证等方面被国内外岩土工程界认为是最有效的试验手段。

2.3.1 离心机振动台的主要类型及特点

在离心机高速运转过程中激发振动,需要专用的激振设备——离心机振动台。根据模型相似率的换算关系,离心机振动台输入的地震波震动频率为原型地震频率的 100 倍,震动历时为原型的 1/100,振动加速度为原型的 100 倍,可见振动台的技术难度和运行要求非常高。为达到以上目的,世界各土工离心机试验室先后研制了各种离心机震动系统。

土工离心机振动台的类型有以下几种:

1)机械振动台系统

早期的振动台系统,有扳机弹簧振动台系统、颠簸道路式振动台系统和凸轮—杆式振动台系统。

1979 年,剑桥大学的 D. V. Morries 等研制出了第一套基于弹簧激振原理的振动台系统。该系统由液压装置触发振动,产生正弦波输入,在模型箱的另一侧有一个反力板簧用于调整振动频率,振动频率由模型质量、模型箱质量和弹簧刚度共同决定。这一系统的优点是制造简单,成本较低,操作维护方便;缺点是出力小,振动频率低,只能正弦振动,幅值衰减严重,不能反复加载,难以满足特定的震动要求。

1981 年,Andrew N. Schofield 和 Kutter 等在剑桥大学研制出了一套颠簸道路式振动台系统。该系统在离心机主机室 1/3 面积的墙壁上安装波浪形轨道,同时在模型箱底部安装滚轮,通过离心机的旋转,滚轮在轨道上的起伏运动,并产生相对于离心机的径向运动,通过一系列机构转化为模型箱的切向振动。该系统的优点是震动频率的范围大,输入的震动加速度高,离心机的加速度可高达100g,可以通过改变轨道的起伏形状来改变输入的地震波的波形;缺点是波形噪音大,振动频率取决于离心机转速,改变波形必须更换轨道,缺乏灵活性。

1998 年,日本东京工业大学的 Kimura 研制了凸轮—杆式振动台系统,该装置通过连杆将电机和凸轮串联在一起,通过凸轮上部一系列支架将振动传递给模型箱。该系统的优点是原理简单,制作成本低。缺点是只能输入规则的简单波形,只能用于简单的测试和离心机动态性能的研究。

2)爆炸振动台系统

1981 年,法国 Zelikson 等人研制出了第一台爆炸振动台系统,工作原理就是由炸药爆炸释放的能量激发模型振动。系统通过在模型箱前部放置药室,药室与模型箱通过有过滤作用的波反射箱连接,当药室发生一系列微差爆炸时,压缩空气就会推动活塞运动,合成类似地震的输入。该系统结构简单,成本较低,爆炸能量大,能激振较大的模型,得到的振动频率较高,但重复性差,振幅难以精确控制,危险性较大,对离心机和模型箱有特殊要求,在一般的实验室中不易实现。

3)压电振动台系统

1982 年,美国加州大学戴维斯分校 Arulanandan 研制出了压电振动台系统。该系统是由一些压电陶瓷元件多层叠加而成,通过给压电陶瓷元件提供一个电场,压电陶瓷在电场的作用下产生特定的变形从而使模型振动。该系统的优点是可产生周期性的振动和随机振动,缺点是需要很高的电压,无功电力损耗大。

4)电磁式振动台系统

1991 年,日本中央大学 Fiuji 等人利用电磁感应原理研制出了一台电磁式振动台系统。该系统的最大离心加速度 50g,振动频率范围 50 ~ 300Hz,位移幅值是 5mm。优点是结构简单,便于操作维护,可以直接采用数字信号控制振动,能产生较大的激振力,缺点是大功率的电磁作动器重量和体积都较大,受离心机有效负载的限制较大,交流电会对测试数据有干扰。

5)电液式振动台系统

1983 年,美国加州理工大学的 Abiom 等人研制出了世界第一台电液式振动台系统。该振动台系统是通过液压缸带动连杆机构,沿水平方向推动振动台面,对弹簧进行预压缩,然后由弹簧带动振动台台面和土样模型振动。

1998 年,日本东京工业大学的 Kimura 等人进一步改进了电液式振动台系统。系统采用电液比例伺服阀控制台面的运动,该系统结构一般由台体、电液激振系统、动力油源系统(包括油源、泵站等)和控制系统(包括控制柜、计算机、伺服控制系统等)四部分组成。该系统的蓄能器可以瞬间释放油压,产生的振动频率范围(20 ~ 300Hz)适合开展土工离心模型试验,驱动作动器(油缸)完成预设的输入地震波。该系统的优点是能精确再现地震波的波形,能驱动较大的有效荷载,可以进行无限次的地震模拟;缺点是造价高,结构复杂,需要较高的制造技术和维修维护技术。

电液振动模拟技术经过了近40年的发展和实践,从最初的水平一维振动台系统,到后来的水平双向二维振动台系统,再到最近几年的水平/垂直二维振动台系统,电液式振动台已经成为国际上最为流行和最被认可的一种激振系统。

2.3.2　水平/垂直二维振动台系统

　　图2-45为天科院在2016年调试完成的大型土工离心机水平/垂直二维振动台试验系统,可实现水平/垂直方向同时激振。该振动台试验系统主要由基座、振动吊篮主体、液压泵站、液压管路、蓄能器、伺服控制器和主控电脑构成,是目前国际上最为先进的土工离心机振动台试验系统。图2-46和图2-47为振动台系统配套液压泵站和分油站,其主要指标见表2-2。

图2-45　天科院土工离心机振动台及吊篮

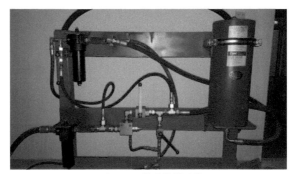

图2-46　振动台系统配套油泵　　　　　图2-47　管路控制系统

TK-C500型土工离心机振动台主要技术指标　　　　　表2-2

总重量(kg)	10000
振动方向	水平/垂直双向
离心机运转加速度(g)	100

水平向最大振动加速度(g)	40
垂向最大振动加速度(g)	20
水平向最大振动速度(m/s)	0.5
最大振幅(mm)	±5
最大振动时间(s)	3
频率范围(Hz)	20~250
最大有效负载(kg)	800
台面尺寸(mm)	1100×800
激振波形	正弦、随机波、地震波

图2-48为振动台整体结构设计图,底层为支撑基座,基座内部设有6块减震橡胶(图2-49),以减小振动台垂向激振过程对离心机主机的影响。中间层为振动吊篮主体,外部为钢制框架箱体(图2-50),箱体外侧四角设置容量75L的蓄能器,箱体底部中间为垂向作动器,作动器四周设置14个气缸,用来抵抗高离心场振动台面和模型箱自重产生N倍重力,箱体中部为振动台面,台面通过层压橡胶轴承与箱体内壁相连,实现台面的水平和垂向运动。上层为吊耳,通过4根高强螺栓将三层构件串联起来,挂在离心机转臂之上。

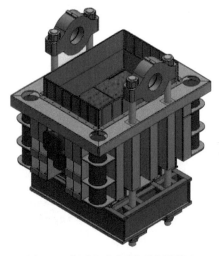

图2-48 振动台试验系统结构设计图

控制系统由计算机、伺服控制器、电液伺服阀、加速度传感器、位移传感器组成。通过计算机发送指定的振动信号给伺服控制器,经功率放大器放大后驱动电液伺服阀,从而控制油缸进行激振。

图 2-49　振动台底座

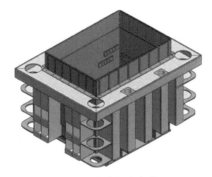

图 2-50　钢制框架箱体

2.3.3　振动台的发展趋势

随着我国大型工程项目的建设,抗震方面的研究势必会对大型离心机振动台的研制起到明显的促进作用,该设备的设计制造将会向标准化、规范化、专业化、现代化发展。通过跟踪调查国内外离心机振动台的建设发展历史及其应用情况,总结得出国内离心机振动台系统应着重以下几个方面发展:

(1)提高振动负载。国际上许多发达国家振动离心机系统的振动台已经向大荷载、大容量方向发展,振动台最高有效荷载达 2t 以上,振动台容量超过 $40g \cdot t$。以天科院离心机振动台为例,其最大负载为 800kg,水平向振动容量为 $32g \cdot t$,垂向振动容量为 $16g \cdot t$,基本可以满足正常试验需要。如果容量过小,在模拟土层尺度方面受到很大限制,仅能完成一些简单的试验。对于土层地震反应分析、深层土动力响应、基础—结构动力相互作用等问题则难以满足要求。

(2)多向振动。在地震波中,大多数垂向地震动强度与水平地震动强度十分接近,方向性十分显著,传统的水平单向振动台不能准确模拟地震波的作用,这就需要振动台要逐步向水平/垂直的二维振动台上发展,甚至是三维方向上发展,以适应大型复杂工程模型试验的需要。

(3)具备低频大位移功能。在某种条件下,地下结构和某些土体的破坏不是由于惯性力引起的,而是由于土体的大变形引起的。这类情况下不需要高频的加速度输入,但设备应具有低频大位移功能,才能实现此类过程的模拟。

(4)试验辅助器材的完善。主要体现在叠环箱的加工工艺、测量系统如传感器的大小、可靠性和精度方面需要进一步提升。

2.4　机器人系统

土工离心机机器人(机械手)系统一般是指在离心机不停机状态下,通过预设的计算机程序,能够自动完成一系列施工模拟的自动化装置,如打拔桩、基坑开挖、隧道掘进、削坡、锚固等施工过程。

土工离心机机器人系统是进行多种试验模拟的有效手段,一般包括多轴机器人系统、盾构模拟机器人系统、抛填模拟机器人系统等,最常见和使用频率最高的是多轴机器人系统。一般的多轴机器人系统安装在模型箱顶部,可以进行 X、Y、Z 方向移动,绕 Z 轴的转动。通过安装特定的工具或机构就可实现特定施工过程的模拟。

2.4.1　国内外土工离心机机器人发展概况

土工离心机机器人是 20 世纪 90 年代后期才出现的新型土工离心机附属设备,由于具有灵活高效、可以真实还原施工过程和控制程序二次开发成本低等众多优点,很快就引起了人们的广泛关注。近二十年来,随着科技的进步和机械加工技术的提升,土工离心机机器人系统获得了快速的发展。

1996 年,法国道桥试验中心(LCPC)成功研制了世界上第一台离心机 4 轴机器人系统。该机器人是由 Actidyn 公司和 Cybernetics 公司联合为 LCPC 实验室设计制造。该机器人能够实现四轴联动,在不停机的情况下施加荷载、上拔构件、基坑开挖等。随后 Actidyn 公司为美国纽约伦斯勒理工学院(RPI)研制并制造了一台机器人系统,如图 2-51 所示,其在 X、Y 方向的最大加载能力为 1kN,Z 方向的最大加载能力为 5kN,同时在 Z 轴方向可提供 ±5kN 的转动扭矩。

2000 年,香港科技大学(HKUST)开始在 $400g \cdot t$ 土工离心机上装备多轴机器人系统。该系统由北京航空航天大学研制,可在 100g 加速度下稳定运行,如图 2-52 所示。该系统可以携带多个工具头工作,而且加载能力和控制精度进一步提高,图形化界面更友好,可以完成更大、更复杂的土工物理模型试验。

南京水利科学研究院成功研制的 NHRI 大型土工离心机机器人,可在离心加速度 100g 的条件下稳定工作。此外,中国水利水电科学研究院、同济大学、长江科学院、长安大学、成都理工大学都陆续配备了土工离心机机器人系统。

2017 年,天科院成功建造了大型土工离心机机器人系统,可在 100g 加速度条件下稳定运行,图 2-53 和图 2-54 为天科院的 4 轴机器人系统和盾构模拟机器人系统。

图 2-51　美国 RPI 离心机机器人

图 2-52　香港科技大学 4 轴机器人系统

图 2-53　4 轴机器人系统

图 2-54　隧道开挖模拟机器人系统

　　下面以天科院的 4 轴机器人系统为例,介绍装置的基本情况。该系统具有 4 轴控制功能,移动平台具有 3 个自由度(即:X_1、Y_1、Z_1),R 为旋转轴,位于机器人末端,固定于 Z_1 驱动的随动平台上。X 方向上采用单电机驱动,单根滚珠丝杠在伺服电机的驱动下,沿直线导轨运行,带动整个横梁在 X 方向导轨上滑动,从而实现在 X 方向上定位;Y 向伺服电机驱动单根滚珠丝杠旋转,带动整个 Z 向平台装置在 Y 向导轨上滑动,从而实现 Y 方向上定位;Z 向伺服电机经齿轮驱动丝杠旋转,带动 Z 向平台在 Z 向导轨上滑动,从而实现在 Z 方向上定位;在 Z 向平台上可另外固定一个伺服电机,通过电机旋转,实现 R 轴向的转动。主要技术性能如表 2-3 所示。

天科院的 4 轴机器人主要技术参数　　　　　　　　　　　　　表 2-3

主要技术参数	X	Y	Z	R
最大行程(mm)	600	500	500	—
承载能力(kN)	20	15 ~ 18	20	—
最大运行速度(mm/s)	10	16	6	1(最大转速 r/s)

　　另外,此装置与其他固定在模型箱顶部的机器人安装方式不同,如图 2-55 和图 2-56 所示,使用时将其固定在钢制框架顶部,机械手整体位于铝制模型箱内,这样做的好处是可以减小高加速度条件下,模型箱本身的变形对机器人系统在 X 方向上运动的影响。

图 2-55　传统机器人安装方式

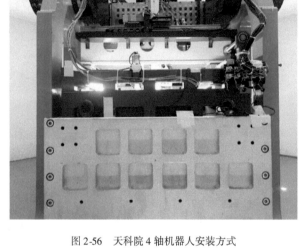

图 2-56　天科院 4 轴机器人安装方式

图 2-57　土工离心机机器人
快换工具头

2.4.2　机器人功能

　　土工离心机机器人在施工过程模拟中只作为一个设备平台,它还需要安装特定的装置实现不同的功能。快换工具头是土工离心机多轴机器人实现离心机不停机状态下更换工具的关键部件,包括一个主控盘及多个工具盘,如图 2-57 所示。一般采用气动或液压驱动,经过精心设计,其抓紧力及力矩可以保证专用工具(如圆锥贯入仪等)在离心力作用下不会脱出。

　　另外,当试验动作较为单一时,如只打桩或只进行基坑开挖,则安装特定功能的工具头较为适宜,这样可以大大增加装置可靠性和试验的成功率。如安装打桩夹头实现打桩功能、安装机械爪实现基坑开挖功能等。下面将对土工离心机机器人的不同功能做简要介绍。

2.4.2.1 打/拔桩

在土工离心模型试验中,当打/拔桩的数量超过 2 根时,需要用机器人来执行换桩动作。在开展群桩打桩试验之前,需在模型箱的特定区域放入一个用于储存模型桩的固定架,将模型桩放入其中,将特定的模型桩夹取工具头安装在机器人 Z 向工作台上。在离心机起动之前,需进行模型桩的初步定位和运动轨迹规划,确保机器人能准确地抓取和定点放置模型桩。

对于拔桩试验来说,此过程较为简单。试验之前只需要对土中的桩模型进行定位,试验中准确夹取之后,将桩平躺放在模型影响范围之外即可,否则需设置用于储存模型桩的固定架,将模型桩放入其中。

对于打/拔桩这一功能来说,土工离心机机器人的主要技术参数可参考表 2-4。

打、拔桩机器人技术指标参考值 表 2-4

加速度	数量	最大深度	压最大作用力	桩心最大分布范围	桩心距
100g	>20 根	>300mm	>15kN	>500×500mm	最小 50mm

2.4.2.2 基坑开挖

传统的基坑开挖离心模拟试验通常使用的是橡胶囊排液法,根据试验的要求,在试验之前制作一个一定大小的方形橡胶囊,在橡胶囊内充满与土密度相近的重液,试验制模时将整个橡胶囊整体放入模型中。待离心机运转到所需的加速度后,排出橡胶囊内的重液,模拟基坑开挖的卸载过程。但是,用此种方法模拟基坑开挖会存在以下问题:

(1)橡胶囊的尺寸形状相对单一,难以模拟不规则形状的基坑开挖过程;

(2)橡胶囊排液过程控制难度较大,一般很难控制其排液速度;

(3)橡胶囊排出液体后,囊体本身的自重会对试验结果产生一定影响;

(4)排液管道布置在土中,影响土体分布进而影响试验结果;

(5)试验中一般使用氯化锌溶液作为重液,但此溶液易挥发,具有毒性。

随着土工离心机机械人的出现,可以通过机器人搭载开挖机械爪的方式模拟基坑的开挖。在进行装置设计时,可以以电机为动力,通过一系列的传动和连杆机构,实现下部抓斗的张开与闭合,再通过设置一定的计算机程序代码,完成规定平面大小和深度的基坑开挖工作。这种方法的优点是:

(1)可开挖不规则形状的基坑;

(2)操作方式较为灵活,可以选择自动或手动模式;

(3)能够较准确的模拟真实基坑开挖过程,对模型无不利影响。

2.4.2.3 削坡与锚固

削坡过程可以根据试验的要求,在土工离心机机器人 Z 向平台上装配特定的刀具,通过控制机械手运动实施削坡施工过程的模拟。

土工离心模型试验中,锚固施工过程的模拟一般有两种方式:

(1)一种是在土工离心机机器人 Z 向平台上安装一个固定角度的压板,在压板之上安装一定数量的锚杆模型,通过机器人的运动将锚杆压入模型之中。

(2)另一种方式是用特定的锚固机器人。其试验原理为:待压入的平行锚杆与锚板固连,且预先压入模型一定深度,调整导向杆,使导向杆与锚杆平行,锚固时,驱动液压缸,推动压架沿导向杆运动,压架直接作用于锚板上,将锚杆压入土模型,进行锚固。图 2-58 和图 2-59 为锚固机器人结构示意图和安装示意图。

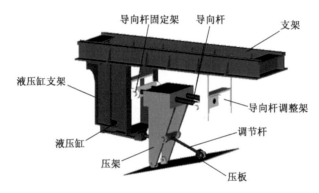

图 2-58　锚固机器人结构示意图

图 2-59　锚固机器人安装示意图

2.4.2.4 隧道开挖

为了模拟隧道开挖过程中土和结构的力学作用,天科院配备了能在离心机旋转过程中完成隧道开挖的机器人,如图 2-60 所示,可以实现隧道盾构施工过程的真实模拟。此机器人具有 3 个自由度,即:X 方向、Y 方向和 R 轴转动。

此外,模拟隧道开挖对地表或上部结构物的影响,还可采用橡胶囊排液的方法模拟隧道开挖带来的土层损失,常见方案如图 2-61 所示。

图 2-60 隧道开挖机器人实物图

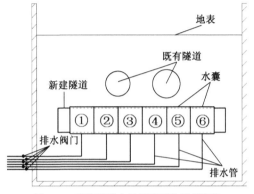

图 2-61 乳胶膜排水法隧道开挖模拟试验

2.4.3 需要注意的问题

(1)传统的土工离心机机器人系统大都安装在模型箱顶部,但是由于高加速度条件下模型箱箱壁在土的侧向挤压下变形,进而造成机器人系统的基座变形较大,使得机械手在 X 轴方向上移动会非常困难。因此,在进行设计时,这一问题需要着重考虑。

(2)除土工离心机之外,无论是振动台、机械手,还是液压加载系统,都需要 1 个或 2 个随机控制柜(安装在上仪器舱或下仪器舱内),因此在机器人和离心机总体设计时,一定要沟通协调好控制柜的大小和安装空间,避免与其他加载设备的控制柜或离心机本身控制系统在安装空间上存在冲突。其次,在离心机设计时,应尽量预留足够的接线通道,供机械手、振动台这类附属试验设备使用。

(3)由于驱动电机和机械系统本身的材料和结构的限制,土工离心机机器人系统一般可以在 $100g$ 加速度条件下稳定工作,如果需要更高的加速度,则需要对某些部件进行特殊的设计和加工,这将大幅提高建设成本。

2.4.4 未来发展趋势

随着土工离心机容量的不断加大,机械加工工艺的不断进步和特种高强材料的出现,未来的土工离心机机器人系统可以承受更高的离心加速度,如150g或200g,具有更高的负载能力。随着相关从业人员设计制造经验的不断丰富,驱动机构会更加紧凑可靠,而且未来的机器人系统的操作界面会更加人性化,使用起来更加便捷。

2.5 造波、水位升降和降雨模拟系统

很多工程案例表明,当岩土方面的相关工程在受复杂水环境影响时,其变形破坏机理非常复杂,靠传统的研究方法,难以深入掌握其中真谛。随着试验技术的发展,在土工离心机上实现造波、水位的升降和降雨等功能已经得以实现,通过土工离心模型试验来开展这类问题的研究显得更为得心应手。

2.5.1 造波装置

近年来,随着海上工程事故的频发,引发了人们对海洋工程失事机理的探究。诱发海上工程事故的因素多种多样,其中波浪荷载作用是重要影响因素之一。关于波浪荷载方面的研究有很多,如波浪荷载作用下的海床液化问题、防波堤的稳定性问题、桩基基础的动力响应问题、软黏土软化问题等。针对此类问题,传统的研究方法限于数值模拟或室内模型槽试验,但是这两种研究方法均存在一定的局限性。

图2-62 天科院离心机造波系统

以往的研究中,波浪荷载将简化成一个循环荷载力,这种加载方式会造成模拟失真。用于土工离心模型试验的造波系统是最近几年才研制成功的,此装置的出现标志着波浪—土—结构物等领域的土工离心模型试验研究进入了一个全新的阶段。

图2-62是天科院新配备的土工离心模型试验造波系统。该系统采用液压推板或摇板的方式造波,在模型箱的另一侧布置消波块进行消波。通过控制软件设定造波板的振幅、周期和循环次数,液压作动器的位移信号反馈至控制系统,对波浪进行准确模拟。该系统的主要技术参数见表2-5。

天科院离心机造波系统技术参数 表2-5

加 速 度	试 验 波 形	模拟最大波高	模 拟 周 期
100g	正弦波、随机波	10m	2～10s

2.5.2 降雨模拟系统

降雨模拟系统是研究边坡降雨问题的必要装置,经过几十年的探索,降雨模拟技术的开发已经逐渐趋于成熟,各科研院所也开发了自己的降雨模拟系统。

国内外目前研制的降雨模拟装置大致分为以下三类:一类是喷头式降雨器,如图2-63所示,即雨滴发生器由喷头制成,是目前应用最为广泛的一种形式,分为单喷头型、双喷头型和多喷头型等形式,其雨强的调节可通过改变喷头孔径的大小做相应调整。

图2-63 天科院喷头式降雨器

第二类是盒式降雨器,如图2-64和图2-65所示,即向降雨盒中输水,用带孔筛网或者直接在降雨盒上开孔作为雨滴发生器,改变雨强大小时需要更换不同孔径的蹄网或更换不同孔大小的降雨盒,这给试验带来很多不便,而且这种降雨装置降雨强度范围和精度有限。

第三类是针头式降雨器,即用针头作为雨滴发生装置。这种方式具有造价低、易操作等优点,但降雨面积小、均匀度不易控制。

2.5.3 水位升降装置

目前在离心机上对一些水位变化的模拟,多数通过在模型箱内或箱外配置水箱,利用水头差的原理,实现水位的上下变化,此类试验装置组成较为简单。这里不再详细描述。

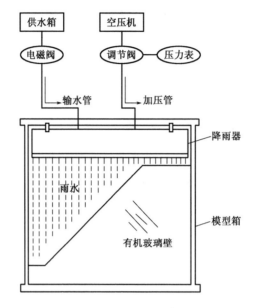

图 2-64　清华大学盒式降雨器

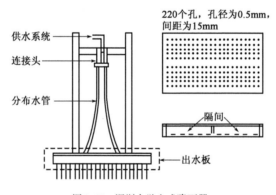

图 2-65　深圳大学盒式降雨器

2.6　加/卸荷载装置

加/卸荷载装置主要是模拟结构物所受的水平和垂直荷载。此类装置在土工离心机上应用较早,绝大多数土工离心机都会配备相应的加/卸载装置,在设计时没有统一的标准。主要用途分为打桩、拔桩、施工堆载、船舶系揽力等;按动力源分为电机加载、油缸加载、气缸加载,还有铁块和移动质量块加载;按加载方向分为水平加载、垂直加载、水平/垂直联合加载;按加载方式分为自动加载和手动加载;按控制方式分为力控制和位移控制。

目前,各实验室使用较多的是液压垂直加载系统,通过力传感器和位移传感器的反馈信号进行动态控制。功能方面一般都具有手动和自动加载两种,自动加载方式提前将加载时间、加载力、加载位移导入控制软件,采用程序控制的方法实现指定规律加载,精度较高;手动加载需根据反馈的力或位移信号灵活操作即可,适合简单动作,加载精度低。

水平加/卸载装置和垂直加/卸载装置的一般结构如图 2-66 所示,加/卸载装置软件界面如图 2-67 所示。

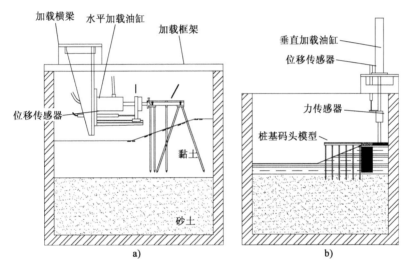

图 2-66　水平加/卸载装置和垂直加/卸载装置的一般结构示意图

a) 水平加/卸载装置;b) 垂直加/卸载装置

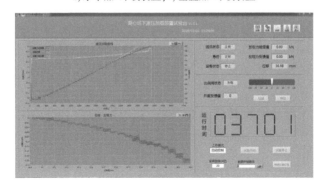

图 2-67　加/卸载装置软件界面

2.7　爆炸、撞击装置

在岩土工程领域,开展破坏性试验研究,采用1:1的实体模型其耗费巨大,很难采用实际工程结构进行试验,若利用土工离心机,就可以在试验室条件下进行缩尺模型试验。

对缩尺模型的破坏试验研究,目前有两种方法:一是爆炸模拟系统,在模型中填埋炸药并利用雷管引爆炸药。二是撞击模拟系统,在离心机上安装空气炮,采用气体炮发射弹丸撞击模型。

其中爆炸模拟系统由特制模型箱、炸药包、点火控制系统、高速数据采集等组成;撞击模拟系统由特制模型箱、微型气炮、充气设备、控制系统等组成。它们的主要功能如下:

(1)爆炸模拟试验。可实现至少两路雷管的引爆控制,采集引爆前后模型结构响应的加速度信号。

(2)撞击模拟试验。可实现气炮充气、弹丸发射自动控制,并采集弹丸撞击模型前后的模型结构响应加速度信号,弹丸速度可测,可实现弹丸发射、弹丸速度测量、模拟信号采集的严格同步。

(3)数据采集每通道瞬态采样频率达到 MHz 级别。

2.8　模　型　箱

在土工离心模型试验中,模型箱是必不可少的专用试验装置。针对土工离心模型试验模型箱,有不同的分类方法。根据试验种类的不同,分为静态模型箱和动态柔性叠环模型箱;根据通用性的不同,分为通用模型箱和专用模型箱;根据维度的不同,分为二维和三维模型箱;根据材质的不同,分为钢制模型箱和铝制模型箱。图2-68为静态模型箱,图2-69为机械手专用模型箱,图2-70为四线下穿试验钢制模型箱,图2-71为二维柔性剪切模型箱。

在进行模型箱总体设计时,宜用"结构性"的设计来减少材料使用量,如模型箱箱壁采用较厚的板材进行铣孔减重处理,如图2-72所示。总之,在满足安全及强度、变形的要求前提下,应选取轻质材料,尽量减轻模型箱自身重量。

图 2-68 静态模型箱

图 2-69 机械手专用模型箱

图 2-70 四线下穿试验钢制模型箱

图 2-71 二维柔性剪切模型箱

对于静态土工离心模型试验而言，模型箱的尺寸及形状应根据离心机的荷载容量和具体试验选定，多数为质量不超过 1000kg、内径尺寸不超过 1m 的长方体形模型箱。模型箱一般使用 6061 或 7075 高等级铝合金板材加工，并选用10.9级以上的高强度紧固件拼装而成。长宽比大于 2∶1 的二维模型箱，为方便进行模型断面对比和 PIV 分析，应在一侧应设置透明窗口，材质一

图 2-72 模型箱结构图

般为高透明有机玻璃，由于有机玻璃的强度较低，在模型箱制作之前需对有机玻璃面板的厚度进行核算，以减小试验过程中玻璃面变形对试验结果造成的误差。

对于动态土工离心模型试验而言，叠环箱一般为铝合金材质，每环的质量不应过重，否则会造成摩擦力太大而导致叠环运动困难。各叠环的高度应尽量小，

减少对土体变形的限制作用。目前,水平单向振动的动力离心模型试验较为常见,此类试验的模型箱一般为长方形,在设计时需要保证叠环的长边具有足够的强度。在制模之前,需要对各环之间进行润滑处理,而且由于叠环箱一般不具有密封性,应在箱体内侧设置橡胶膜,来避免土体颗粒进入叠环层和可能存在的漏水现象。

目前模型箱设计的强度和变形量,没有明确的规定,需要根据经验和实际情况而定。在没有特殊要求的情况下,要依据机械结构设计中所必需的安全性和强度来考虑,安全系数适当地进行放大。

除以上内容之外,在模型箱制作时还有以下几点需要注意:

(1)模型箱的密封问题:由于土工离心模型试验多数为含水的工况,模型箱所承受的水压力很大,极限压力可达2MPa,为了试验结束后方便拆模,模型箱箱壁的某一面经常需要进行拆卸作业,因此要特别注意模型箱拆卸面的密封状况。针对这一问题可实施的具体措施包括:在拆卸紧固面设置单根U形的防水橡胶条,并定期进行维护和更换;每次试验之前在模型箱内侧使用玻璃胶对缝隙进行密封等。

(2)边界条件:二维模型箱的宽度不宜过窄,一般大于300mm,其原因主要在于空间太过局限增加了试验人员制作模型的难度,而且宽度太窄还会增加箱壁侧摩阻力对试验结果的不利影响。一般情况下,无论任何模型箱,在制模之前都要根据具体情况做箱壁润滑处理,如涂抹凡士林或喷洒硅油等。

(3)模型箱排水问题:当开展黏土试验时,大多数情况下,前期搅拌的土样需要进行预压固结,模型箱底部宜增设排水体来提高固结速度,为了固结过程中析出的水顺利排出箱体外,应在模型箱底部设置排水口和排水阀。图2-73为布设了排水体的模型箱。

(4)对于二维模型试验来说,多数情况下要进行PIV图像分析,这就需要在玻璃面上粘贴标记点,此时有两点内容需要注意:一是粘贴的标记点尽量整齐规则,做到横平竖直;二是由于标记点多为纸质,粘贴之后需要进行密封保护处理,一般方法是在整个窗口范围内张贴透明保护膜,并且定期进行更换。图2-74为粘贴了标记点的模型箱玻璃面。

(5)在使用剪切叠环模型箱时,为了避免发生漏水的现象,需要提前在箱体内部设置防水橡胶膜(硅胶膜亦可),并进行试水,在确保橡胶膜无破损漏水之后,再进行制模。橡胶膜的制作有两种方法:一是根据模型箱的内壁尺寸制作灌胶模具,如图2-75所示,购买透明中性高弹性AB硅胶进行浇灌,待凝固后即可拆模使用。图2-76为内套硅胶膜的剪切叠环箱。此种方法成品可能存在瑕疵,需要手工修补,但是成本较低;二是直接外包定制,成品质量好,但成本高。

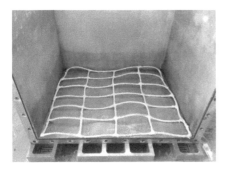

图 2-73　布设排水体的模型箱

图 2-74　粘贴标记点的模型箱玻璃面

图 2-75　硅胶膜浇灌模具

图 2-76　内套硅胶膜的剪切叠环箱

2.9　附属设备

　　土工离心机附属设备一般是指模型制备设备和模型土测试装置。模型制备设备用于土样的前期准备制作,包括真空搅拌机、固结加荷装置、砂雨装置、真空饱和箱;模型土的测试装置用于使用过程中或结束后对土样指标的测试,包括十字板剪切仪、微型多功能触探仪、T Bar 贯入仪等。

2.9.1　模型制备设备

2.9.1.1　真空搅拌机

　　真空搅拌机是大型离心机制备试样的辅助设备,多用于高岭土等黏土试验的土样的制备。此类仪器由搅拌容器、电动搅拌装置、控制面板、真空泵等组成,设计示意图如图 2-77 所示。

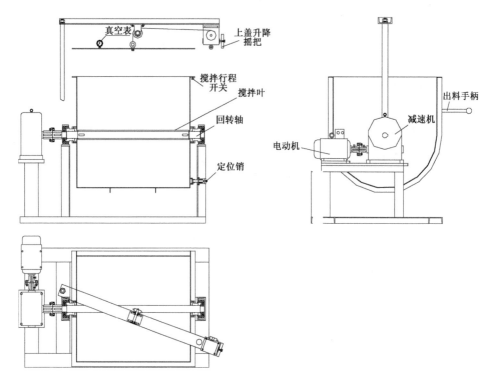

图 2-77 设计结构示意图

真空搅拌机设计时应注意以下几点：

(1)有效空间应大于 500 升；

(2)保证搅拌机的密封性,真空度应达到 – 100kPa；

(3)搅拌缸体应采用不锈钢材料焊接而成,缸盖或其他位置应设有真空表；

(4)为考虑使用便捷性,缸盖宜采用电机提升；

(5)保证搅拌叶片具有足够的强度；

(6)应着重考虑装卸料的便捷性。

2.9.1.2 固结加荷装置

大型固结加荷装置是大型离心机制备试样的辅助设备,主要用于高岭土等黏土模型的制备。其加载方式分为杠杆式、磅秤式、液压式或气压式等,目前使用最多的是杠杆式固结设备。该类设备由四部分组成,大型杠杆加荷部件、电动杠杆调平衡装置、工作台、框架结构及控制装置。图 2-78 为固结仪的一般结构。

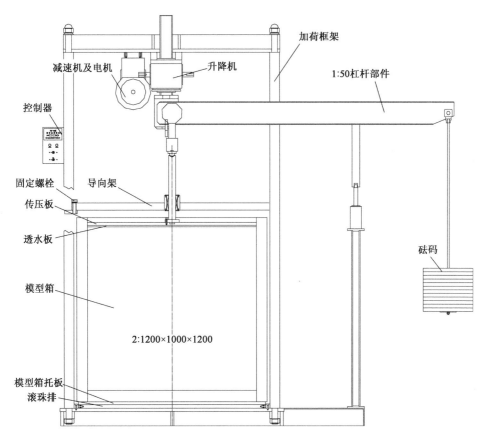

图 2-78　固结加荷装置结构示意图(单位:mm)

大型固结加荷装置结构说明如下:

(1)固结加荷装置一般使用 1:20～1:50 高倍率杠杆,在杠杆的另一端采用砝码加荷方式;

(2)调节杠杆平衡装置的垂向位置宜采用电动调节方式,调节范围应大于 200mm,宜配备杠杆自动平衡机构,增强设备的便利性;

(3)当土样固结下沉时,应设置传压板防倾斜机构,利用轴向轴承的导向作用,保证土样下沉均匀;

(4)为了应付土样的大变形,应配备长短不一的调节杆;

(5)加载装置底部应设计 X、Y 方向的导向托辊,方便对模型箱位置进行调整,同时需保证其强度;

(6)固结试样的垂直变形测量一般使用百分表,也可采用位移传感器;

（7）砝码的质量和大小可根据具体试验要求进行设计，每块误差应小于0.1kg。

2.9.1.3 砂雨装置

砂雨装置有两种类型和用途：一种是模拟堤坝等结构物对地基的作用。许多研究中采用砂雨法模拟粗粒土的填土过程，即在模型箱上方悬挂漏斗形砂容器，从漏斗嘴向模型撒砂，是一种加荷装置。此种方法解决了粗粒土堆填过程的模拟，但是对堆填后现场进行碾压过程的模拟还需要进一步研究。第二种是砂土模型地基的制作工具，制作均匀一致的模型。撒砂桶和撒砂过程分别如图2-79和图2-80所示。

图2-79 撒砂桶   图2-80 砂雨法制模

砂雨法制样的基本原理是将砂土颗粒的重力势能转化为动能，利用砂土颗粒之间冲击和碰撞，使砂粒重新排列，从而达到一定的密度。其实现方法通常是在地面重力场环境下，将风干后的砂土装入带有出砂头的容器内，利用提升装置将该容器提升，并调整出砂头与模型箱的距离，让砂土颗粒从出砂头自由落入模型箱内的同时按一定速度移动出砂头，使之在模型箱中形成较为均匀的砂土层。

李浩等人在砂雨法制备砂土地基模型控制要素试验研究一文中指出落距是相对密实度的主要影响因素之一，此外，出砂孔尺寸、出砂头总流量以及移动速度等都有可能是相对密实度的主要影响因素，掌握稳定相对密实度的变化规律对砂雨法制样技术的精准性、可靠性是很有利的。漏斗嘴的形式一般分为筛孔点式和线式，如图2-81所示。

图 2-81 出砂头细部图

为了使砂更加均匀地分布在模型箱内部,宜设计外框与模型箱同尺寸的 S 形行走导向器,试验时将出砂头沿预定的路径行走,如图 2-82 所示。每一循环所形成的砂土层厚度由模型箱四周标尺读出,提升砂筒进行下一个循环。

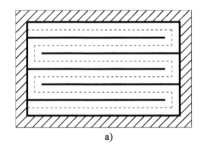
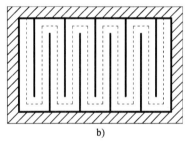

图 2-82 S 形行走导向器示意图

a)横向行走路径;b)纵向行走路径

2.9.1.4 真空饱和箱

许多土工离心模型试验制模时,需对土体进行饱和操作,因此,真空饱和箱则成为此类试验必不可少的装置之一,如图 2-83 所示。

真空饱和箱一般采用钢板焊接,其内部尺寸要大于模型箱外部尺寸,使模型箱能够整体放入饱和箱内部。饱和箱的底部应设置若干进水阀和排水阀,顶盖应设置真空表,监测饱和过程中饱和箱内的真空度。这里需要注意的是,由于模型箱一般很大,真空饱和箱的尺寸会更大,那么饱和箱的整体刚度需要得到非常重视,应使用较厚的钢板和优化结构设计来减小内部真空带来的变形。

65

图 2-83　真空饱和箱

2.9.2　模型土测试装置

模型土强度检测装置是离心模型试验中常用的设备,这是因为多数模型的土样需要重新制备,在试验过程中需要快速得到土的强度指标。目前,常用的方法有微型静力触探和微型十字板。

2.9.2.1　T-Bar 贯入仪

T-Bar 贯入仪一般用于在土工离心机运转过程中对土的不排水强度进行动态测量监测,如图 2-84 所示,是一种可以安装在机械手或者加载装置上的土的强度测试装置。整个贯入仪的前端以一定的速度连续压入土中,测定探头所受的阻力,通过以往的试验资料和理论分析得出的比贯入阻力与土的某些物理性质的相关关系,定量地确定土的强度指标。这种方法具有对土的扰动小、测试方便、快捷、效率高等优点,在土工离心模型试验中得到广泛应用。

贯入仪一般采用不锈钢材料,由两根不锈钢棒组成 T 形结构。为了测量土体的不排水强度,在长棒与短棒的交界处粘贴微型应变片。通过经验公式,T-bar 贯入仪测得压力可以转化为土体的不排水抗剪强度。T-bar 贯入仪的详细工作原理参见 Stewart 和 Randolph（1991）。基于一些塑性解答,Randolph 和 Houlsby(1984)建议采用 10.5 的 T-bar 系数来计算高岭土的不排水强度。开展离心模型试验之前,对 T-bar 贯入仪上的全桥应变片进行标定,得到压力和电压之间的关系。试验中,根据电压的变化,便可得到 T-bar 贯入仪所受的压力。施加 T-bar 系数后,便可以计算高岭土的不排水剪切强度。

66

图 2-84 T-Bar 贯入仪

2.9.2.2 微型多功能触探仪

便携式微型静力触探贯入仪(CPT)如图 2-85 所示,是手动快速测量土强度的测试装置。它是将金属探头以一定的速度连续压入土中,测定探头所受的阻力,定量地确定土的强度指标。这种方法具有对土的扰动小、测试方便、快捷、效率高等优点。

图 2-85 便携式微型静力触探贯入仪

Bolton 等人根据"欧洲离心改进工程(EPIC)"合作组织在离心机中进行的静力触探试验结果对模型箱的边界效应进行了研究。认为在离心机中进行静力触探试验时,为避免模型箱边界对试验结果的影响,试验位置距离模型箱边界至少要为 10 倍探头直径;在条件允许的情况下,模型箱越大,模型箱的尺寸效应越小,为降低该影响,方形模型箱短边长度至少要为探头直径的20倍。

2.9.2.3 十字板剪切仪

目前,在土工离心模型试验领域,国内应用较多的是手动微型十字剪切板,如图2-86所示,主要用于在土工离心机停机时或试验结束后对土不排水抗剪强度的快速测量。此方法优点是测试方便、快捷、效率高;缺点是停机之后需及时进行测量,测量准确性不高,只适用于对土强度进行粗略估算。

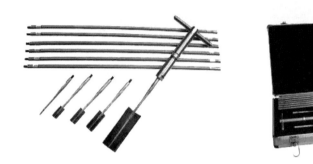

图2-86 便携式十字板剪切仪

除了此类手动十字板剪切仪之外,可以结合土工离心机机器人在离心机运转过程中对土的强度进行任意时刻的测量,这样可以避免离心机停机卸荷而带来的土体强度的变低。

2.9.3 传感器标定装置

在传感器使用一段时间后,由于传感器的老化或温度的变化等原因,土压力传感器和孔隙水压力传感器会发生变化,其测量的系数与出厂时相比产生较大误差,如果仍然采用出厂时的标定参数,会造成测量结果的不准确,因此,多数土工离心机实验室会配备各种类型的传感器标定装置。

图2-87为简易传感器标定装置,此种标定装置由空压机、精密调压阀、压力桶、激励电源、精密万用表、连接管路等部件组成。该装置的优点是制作方便、成本低、安全性高;缺点是每次标定的传感器不多于4个,采集数据需要人工记录,使用不方便等。

图2-88为中物院总体所研制的专业型多通路传感器标定装置,此种标定装置由氮气瓶、精密调压阀、多通道压力桶、激励电源、数据采集板卡、采集软件等组成。该装置的优点是传感器装卸方便,每次标定传感器可多于

10个,标定结果准确,系统可对输出信号进行自动采集,使用方便,但造价较高。

图2-87 简易传感器标定装置

图2-88 专业型多通路传感器标定装置

第3章 土工离心机实验室建设

3.1 试验厅的建设

3.1.1 试验厅布局

在土工离心机设计过程中,最重要的技术问题当属总体布局和主机结构,这不仅影响着离心机的运转性能和建造成本,还影响着离心机长期运行的可靠性、经济性和后期升级改造的可能性。

3.1.1.1 上传动布局

在土工离心机研制和土工离心模型试验研究领域,苏联居于先行者的位置。在相当长的一段时期内,许多国家都以其为楷模,作为学习模仿的对象,甚至聘请其专家担任顾问。苏联是利用离心机进行土力学模型试验最早、离心机数量较多、研究工作开展较好的国家,可以说是土工离心机模拟技术大国。研究苏联土工离心机发展,可以看到一条构造由简到繁的前进脉络。苏联早、中期,对土工离心机核心技术精准的把握和朴实无华的技术风格,值得研究与尊重。

1936 年,苏联基础工程公司 И. С. Федоров 先生设计的芬达门次特罗离心机(Фундаментстрве)如图 3-1 所示。带有启动变阻器的电动机,经过变速器将动力传给水平轴,经过固定在支撑板上的差动齿轮箱转向后变为垂直转动,转臂由槽钢焊接而成,试验模型箱与转臂铰接在一起,垂直主轴由锚索固定。主轴上方装有供应液体旋转的接头和传递电信号的汇电环,整套离心机安装在圆柱形房间内。

该离心机主机和动力设备处于同一层,可节省建造成本。虽看似简陋,但采用了等长臂双吊篮的结构,很好地解决了离心机的平衡问题,其最高转速可达200r/min 左右,离心加速度最高可达 75g。该离心机的设计理念在今天看来仍有强大的生命力,对以后的离心机研制产生了深远的影响。秉承平衡问题的设计,奠定了离心机发展的基础。

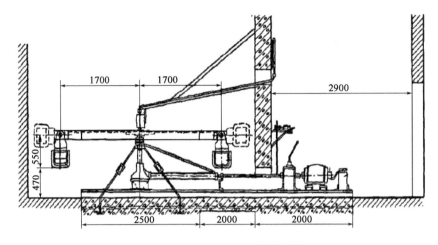

图 3-1 Фундаментстрве 离心机结构图(单位:mm)

随着土工离心模型试验的发展,对土工离心机的加速度、半径、负载能力提出了越来越高的要求,Фундаментстрве 离心机的结构形式因稳定性和安全性的问题,已经不能满足试验要求,20 世纪 50 年代苏联出现了上传动式离心机。上传动式离心机就是将离心机主机放在地下室或地坑内,电机和传动系统固定于地面上的一种构造形式。

如图 3-2 所示,全苏运输建筑科学研究所(ЦНИИС)的 Минтрансстроя 土工离心机,交流电机经过变速器将动力传递给水平轴,经过锥齿轮传递到主轴,转臂安装于主轴上,吊篮与转臂铰接。离心机主轴通过止推轴承固定在主机室基础上,上部由主机室顶板支撑。

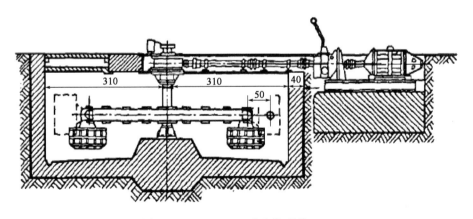

图 3-2 Минтрансстроя 离心机(单位:cm)

　　Минтрансстроя 离心机相比于 Фундаментстрве 离心机,将下传动改为上传动,并且将稳定主轴的锚索加固改为上下支撑,同时有了专用的传动和支撑系统,离心加速度由 $75g$ 上升到了 $125g$。1962 年建造的莫斯科铁路运输工程学院(МИИТ)的离心机采用了相同的结构,以可调速直流电动机作为驱动源,最高转速 340r/min,最大加速度可达 $320g$。

　　上传动形式的离心机为了安全与使用方便,将主机安装在地坑内,将驱动和传动系统安放于地面,无须开挖地下室从而达到了节省成本的目的。此种传动形式抓住了离心机运转平衡这个核心,主轴成为重要的支撑系统,传动系统采用水平长传动轴,需要处理好轴系的对中问题,为安装定位带来了一定的复杂性。

　　转子平衡与支撑定位是离心机正常运转的核心。转子平衡处理好,就消除了振动源;支撑定位好,就不会产生不均匀荷载。苏联离心机从一开始就抓住转子对称、双摆动吊篮(或双摆动吊斗)这个技术核心不放,走了一条因陋就简的技术路子,终于一步步达到了高 g 离心加速度值。

3.1.1.2　下传动布局

　　随着时代的发展,设计制造和驱动控制技术取得了长足的进步,新构型离心机的出现得以满足越来越严苛的试验要求,至 20 世纪 80 年代,现代土工离心机的构型逐渐建立了起来。现以法国桥梁公路中央研究院(L.C.P.C)的土工离心机为例来介绍现代离心机。L.C.P.C 离心机有效半径 5m,最大离心加速度 $200g$,容量为 $200g\cdot t$。

　　如图 3-3 所示,L.C.P.C 离心机的电机经过涡流离合器和涡流制动器将动力传递至齿轮箱,经过齿轮箱转向后将动力传递给传动轴带动转臂转动,摆动吊篮与转臂为铰接。该离心机为减小功率将转臂设计成了不对称式,一侧安装摆动吊篮,另一侧为配重,离心机运转过程中不断对支撑系统的应变值进行测量,利用齿轮机构移动配重块来调节转臂两端的平衡。

　　L.C.P.C 离心机配套了一座试验厅,为方便试验工作,模型制备间和主机室都处于地面之上。主机室为圆柱形,直径 13.5m,为保证运转安全,主机室用6m 厚的填土墙环绕钢筋混凝土内墙。电机、涡流离合器、涡流制动器和齿轮箱安装在离心机主机室下部的地下室中,在主机室上部建有专门的房间用于安装液压旋转接头和电滑环等部件。此外,该房间内有一台鼓风机通过向下的气流入口对主机室和地坑内设备进行冷却。离心机的电机、传动轴和减速机等位于主机下部,安装定位要求明显降低,主轴不再需要负责支撑。建造成本虽有增加,但因结构相对更加合理,成为土工离心机的主流设计形式。

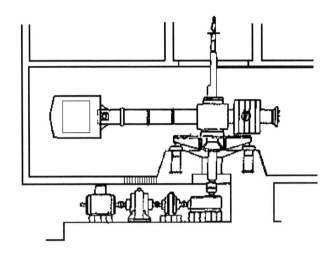

图 3-3 L.C.P.C 离心机

3.1.1.3 实验室土建要求

纵观土工离心机的发展可知,实验室建筑物与离心机正常运行及其日常维护、使用有着密切关系,它们统一构成了一个相互影响的整体。在满足主机和辅助设备配置与安装基本要求外,离心机设计者需要对实验室提出必要要求,与土建设计者共同合作完成任务。

规划实验室需要考虑的基本原则是:

(1)安全原则。保证规定事故模态下的围墙、地基及建筑结构和实验室内外人员的绝对安全,包括实验室门窗的坚固程度与联锁保护措施等。

(2)受力原则。确保设备基础及地脚螺栓在规定事故状态下的承力安全性,且具有良好的动态特性。

(3)使用原则。应方便试件装卸,便于试验观察,顾及设备维修。

(4)整流原则。安排合理的实验室空间尺寸、配置、内形及表面粗糙度。

(5)散热原则。保证必要的室内空间及适当的热循环通路或散热措施。

(6)降噪原则。考虑吸收或隔离机械噪声与气动噪声。

以上设计原则也不是一成不变,可因离心机种类不同而有所侧重。土工离心机以安全、整流与散热最为重要。

根据前述设计原则,结合实践经验,针对不同离心机,提出如下实验室基本构形与尺寸建议供参考:

(1)离心机主机最好置于圆形半地下室内,地坑高度大于转子总高度;钢筋混凝土围墙的最小厚度能应对大型土工离心机吊篮飞出产生的撞击能量。

（2）主机坑直径由使用维修最小空间尺寸,计入适当的未来扩大使用预留量,考虑总功率大小及功率储备等情况而决定,一般在离心机最大半径上再加0.5~1.0m。

（3）对于高大的土工离心机实验室,为加快主机室风速,缩减与离心机转臂的速度差,可为主机地坑浇筑混凝土顶盖。顶盖须与建筑物牢固结合,且预留供试件、试验装备、器具等起吊的窗口,并加盖长方形钢制活动盖板,以供多次装拆并利于散热。

（4）土工离心机地坑与顶盖形成的封闭空间,其高度尺寸主要取决于温升及散热设计。建议利用离心机的鼓风功能,在顶盖中央附近设置进风口,地板靠近围墙处布置牢固可调的出风口若干,直接或通过畅通的排风通道引出室外,以进行自流式通风散热循环。

（5）不论任何离心机,只要主机位于地面,实验室必须具有坚固的向外开启的钢结构大门;大门内表面最好为圆弧,与实验室内墙相吻合。

3.1.1.4 实验室的三层布局

遵从前述的设计原则,土工离心机的设计方案经过不断完善,最终选择电机和传动系统在主机下部的形式,离心机试验厅一般采用如图3-4所示三层布局。

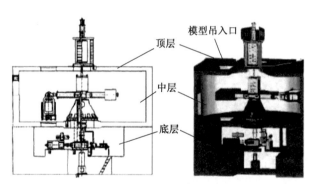

图3-4 离心机三层布局方式

底层处于离心机主机室的地面下,主要安装有动力装置电机,传动装置减速机,润滑装置稀油站,油、水、气的旋转接头,以及液压油源,水箱,空压机等。中层是离心机主机室,是离心机模型试验的主要部位,用于安装离心机主机部分,包括机座、主轴、转臂、配重、吊篮和下仪器舱等。顶层位于离心机主机室的顶面以上,主要安装上仪器舱、集流环等,一般在顶层设置有控制间和数据采集间,用于离心机运转控制和试验过程中的数据采集。

三层布局是国内外大型土工离心机普遍采用的布局方式,将离心机的机座、主轴、转臂、配重、吊篮等封闭在一个独立的密闭空间,通过合理的设计可以有效地减少离心机运行的空气阻力,节省能源消耗,同时可以控制主机室的温度和噪声,主机室采用加强的混凝土墙壁结构,可以保证离心机安全运转。另外,三层布局有利于离心机不同系统部件的安装、维护,同时可以减小不同系统之间的干扰和影响。

3.1.2　附属房间

使用土工离心机进行试验研究,试验厅内还需配备其他的附属房间。依据不同的离心模型试验要求选择不同的模型材料,实验室常备的模型材料除高岭土、标准砂、丰浦砂等常规材料以外,遇特殊试验还需准备特殊要求土,如现场土等,离心机实验室内就需要配备专门的物料堆放间。

在试验准备过程中,模型土通常需要进行筛分、搅拌、固结、撒砂等工序,在模型准备过程中,还需要进行传感器的埋设等工作,试验厅内应有专门的区域用于模型制作。为方便模型的制作,该区域应有上水管道和排水管道。

土工离心模型试验为了得到想要的测量数据,需要用到很多的传感器,如土压传感器、孔压传感器、直线位移传感器 LVDT。另外,测量结构受力,如轴力、弯矩等还需要进行应变片的粘贴和标定。传感器的准确性直接决定了试验结果的可靠性。传感器的标定工作需环境清洁,还需要特定的压力设备,因此,需有专门的房间进行此项工作。

土工离心模型试验需在特制的模型箱内进行模型的制作,依据不同的试验要求,选用不同的模型箱,实验室中需准备各种尺寸的模型箱。另外,随着土工离心机尺寸和容量的增大,模型箱也越来越大,需有专门的房间进行存放。实验室中还需准备其他工具对辅助设备进行安装、调整、拆卸等工作,也需专门的区域存放,因此,实验室一般需设置工具间。

土工离心机属于高能设备,运转时禁止一切人员在中间层(主机室所在楼层)活动,因此,物料存放间、模型制作间、工具间等模型前期准备的房间可放在一楼,控制间、数据采集间,办公室、会议室等房间放在顶层。

离心机的其他辅助设备,在离心机运转前就需要打开的设备(排风、照明等)可放在一楼或地下室,在运转时需进行开启、关闭、调整的设备、控制系统,一定要设置远程控制,控制终端放在控制间。

3.2 基础设计与基础监测

3.2.1 基础设计

3.2.1.1 基础设计要求

设备基础不仅是使设备处于正确空间位置的基准,还是设备的根基,与设备、填土层等共同构成基组,保证设备安全受力和整体的稳定性,以维持设备长期稳定地运行。土工离心机质量大、转速高、扰力大,需对离心机设备基础密切关注。根据实践经验,对它的基础设计提供如下基本要求:

(1)土工离心机的设计单位除提供必要的机电设备安装总图以外,特别要提供主机和其他配套设备的底座形状及其尺寸,地脚螺栓布置图,管道、线缆沟、电缆穿孔等位置与尺寸。

(2)离心机设计单位需提供主机及辅助设备基础受力图表,包括自重、重心位置、转动频率以及正常运转及事故状态下的力、力矩和扭矩等。

(3)要求主机动力基础与建筑物基础分开,以减少房屋的振动水平。

(4)机组总重心与基础底面形心应处在同一条 Z 轴上,误差不大于2%的基底长。

(5)建筑基础的固有频率需与主机转动频率错开,最好大于主机频率25%以上。

(6)离心机机座地脚螺栓最好采用预埋方式,并为土建工程提供准确尺寸及其公差要求。

土工离心机转子重达数十吨,远大于一般主轴转架的质量,也大于包含机械传动系统在内的转台部件质量,放在地面本身就可能已经是重心偏高、头重脚轻了,转动起来如果没有沉重的基础与之相匹配,在扰力作用下是非常不稳定的,所以基础的重量也是很重要的一个方面。因为离心机的重心高,转动质量大,建议其基础重量至少应为设备总重量的2倍以上。

离心机正常工作的必要条件是转臂在旋转时保持平衡,在设计、制造、安装与调试中,可实现转臂对主轴的静平衡,但是在运转时保持平衡就很难。首先,由于模型形状的不规则或上部结构的不规则,确定模型重心会有偏差,计算所得的固定配重存在误差。离心机从静止加速到固定离心加速度值,模型会有一定的变形与位移,重心的改变会使得动平衡发生变化。试验过程中如模拟水位变化或者是模型破坏,重心的急剧改变会严重影响系统平衡。另外,在动力离心模型试验过程中,由于振动台的激振、吊篮摆动遗留角等因素影响会产生瞬间不平衡力,因此,除通过限制最大不平衡力或不平衡质量来确保离心机安全运行以外,还需要有专门的系统保证离心机的平衡。对于土工离心机来说,高离心加速度值与大负载的工作特点决定了其平衡状态是相对的,不平衡力总会存在,且有时不平衡力会比较大,就会有一个相对比较大的循环荷载或交变荷载作用在基础上,基础设计时必须给予充分考虑。

3.2.1.2　地基结构

参照《动力机器基础设计规范》(GB 50040—96)与国内一些土工离心机研制者经验,大型土工离心机主机基础设计基本要求:整体下沉不大于 2mm,整体不均匀沉降不大于 0.5mm,大型土工离心机工作时,主机基础产生的最大振动不大于100Gal。若主机基础建于土基之上,应采用整体浇筑钢筋混凝土或打桩的方式对地基进行彻底处理,以避免大型土工离心机运行时发生不均匀沉陷。

保证地基基础稳定性是基础设计的先决条件。动力机器工作时引起基础产生的振动大小是保证基础稳定性的主要控制指标。大型土工离心机设备采用三层布局,在中层主机室内,大型土工离心机通过地脚螺栓固定在基础上,以保证整机的稳定运行。而三层布局的底层地下设备间一般采用条形空间以保障基础的稳定性,并满足各设备的空间要求。但是,这一方案仅适用于中小型离心机建设,而大型土工离心机底层设备多、尺寸大,条形空间不能满足要求,因而一些学者建议采用圆形。但是,与一般离心机相比,大型土工离心机产生的不平衡扰力巨大,使基础产生明显的摇摆振动。因此,圆形空间对基础稳定性的影响是否能够满足基础振动设计指标,是基础设计中必须回答的问题,有待进一步研究。

进行土工离心模型试验,还需为离心机配套其他的设备,除主机室外,实验室还需配套其他功能房间。主机基础应该具有合理的结构和良好的自振特性,固有频率要远离离心机工作转动频率,还需用隔振结构缝与实验室主体部分隔开,以免发生共振。为保证振动不影响其他设备和人员的正常工作,也可能将离心机基础与实验室主体隔开。

3.2.2　基础监测

3.2.2.1　基础监测的必要性

目前我国运行和在建的土工离心机实验室大部分位于中西部地区,有效容重在 $450g \cdot t$ 以下,主机室地基基础坐落于岩基上或采用桩基进行地基处理,桩端持力层为坚硬土层。在我国东部地区,同济大学和浙江大学离心机实验室所处地质区域为泻湖相或河口相沉积区,地质构造中存在一层坚硬砂层,埋深适当,为良好的地基处理桩端持力层。因此,我国目前尚缺乏深厚软土地区大型土工离心机实验室的设计经验。

如果离心机实验室地基基础坐落于深厚软土区,在离心机运转动荷载的作用下,地基基础的稳定性对于离心机的安全运行至关重要。为保障工程建设的顺利实施以及后期的安全运行,可对离心机主机室地基基础稳定性进行原位监测。通过原位监测,可以直观地了解和掌握离心机地基基础尤其是基桩的受力特性,对离心机运行期间的各项控制指标进行动态监测,对可能出现的安全风险进行预报,以利于采取工程措施进行加固处理。深厚软土在动循环荷载作用下,结构应力和变形均通过地基基础传递到地基土层中,通过对地基土层土压力、孔隙水压力的监测,可以反映地基基础的应力分布状态以及变形情况,进一步掌握离心机主机室在施工和运行期间各项指标的变化情况。此外,离心机运转过程中地基基础受力状态复杂,无法通过计算准确预测,原位监测也可对离心机运行期间的安全风险进行跟踪和评估。

3.2.2.2　监测方案

土工离心机运行过程中,需监测离心机地基基础沉降、群桩基础桩身轴力、桩端阻力、桩间土侧压力、桩土荷载分担比、地基土层超静孔隙水压力消散情况,可埋设土压力盒(包括竖向埋设土压力盒、水平向埋设土压力盒、桩端土压力盒)、孔压计、钢筋应力计和分层沉降仪。

以天科院 TK-C500 大型土工离心机为例,根据离心机主机室地基基础布置方案,离心机桩基由内外基桩环形构成,对于基桩—承台体系,桩体刚度、桩—土荷载分担对于桩基承载力分析至关重要。为研究离心机运行过程中桩—土应力分担,桩身轴力需要在桩身布置振弦式钢筋应力计获得,以监测桩身轴力变化,如图 3-5 和图 3-6 所示。初步拟订在典型基桩布置 3 个监测点,钢筋应力计绑扎到基桩钢筋笼主筋上,埋设在灌注桩内,竖向间隔2m,通长布置,按初步设计报告,离心机基础灌注桩桩长 36m,每根桩埋设 54 个钢筋应力计($3 \times 36/2$)。钢筋应力计导线绑扎到辅助钢筋上,再通过预埋软管从承台底部接出。

为监测离心机在运行过程中地基基础桩土荷载分担变化及桩周土在动荷载作用下基桩应力变化情况,在承台底部桩间土分别埋设 3 个水平土压力盒和 3 个侧向土压力盒,在观测桩桩端埋设 4 个土压力盒,共计 10 个。桩端土压力盒埋设方案和桩间土压力盒埋设方案如图 3-7、图 3-8 所示,监测导线通过预埋软管从承台底部接出。

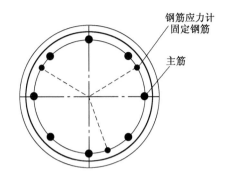

图 3-5 离心机地基基础基桩钢筋应力计绑扎平面图

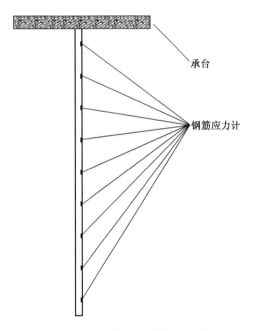

图 3-6 离心机地基基础基桩钢筋应力计绑扎剖面图

根据离心机主机室地质剖面图,初步拟订在离心机主机室地基中设置 4 个孔压监测点,孔压监测点及各点埋设深度如图 3-9、图 3-10 所示,仪器埋设完成后封孔,导线通过预埋软管从承台下部引出。

为监测离心机建设和运行期间地基基础沉降情况,结合地质剖面图,在离心机主机室外侧 4 个方位各布置分层沉降监测孔 1 个,每孔内安装一套 5 点式多点位移计。

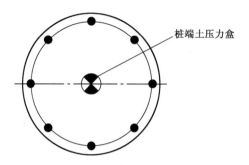

图 3-7　桩端土压力盒埋设方案图

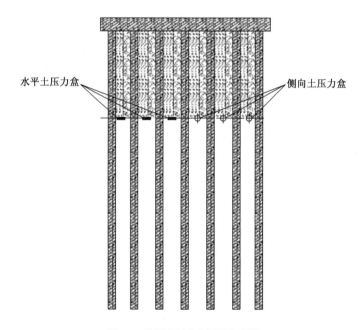

图 3-8　桩间土压力盒埋设方案图

分层沉降的测量采用多点位移计,其利用在孔口的传递杆件(或管件)上安装测量位移的传感器将孔中相对于各测点的变位测出。

3.2.2.3　监测系统功能

1)监测功能

系统具备多种数据采集方式和测量控制方式。

(1)数据采集方式有:选点测量、巡回测量、定时测量,并可在数据采集装置上进行人工测读。

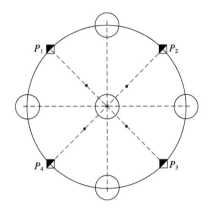

图 3-9　孔隙水压力监测点平面布置图

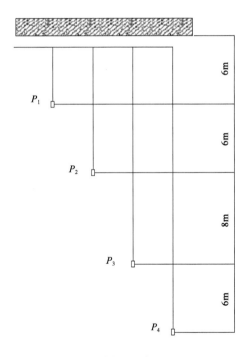

图 3-10　孔隙水压力计埋设深度图

（2）测量控制方式有应答式和自报式两种。采集各类传感器数据，并能够对每只传感器设置警戒值，系统能够进行自动报警。

应答式：由数据采集计算机发出命令，数据采集装置接收命令、完成规

81

定测量,测量完毕将数据暂存,并根据命令要求将测量的数据传输至计算机中。

自报式:由各台数据采集装置自动按设定的时间和方式进行数据采集,并将所测数据暂存,同时传送至数据采集计算机。

2)显示功能

显示监测布置图、过程曲线、监测数据分布图、监测控制点布置图、报警状态显示窗口等。

3)存储功能

系统具备数据自动存储和数据自动备份功能。在外部电源突然中断时,保证内存数据和参数不丢失。

4)操作功能

在监测管理站、监测中心站的计算机上可实现监视操作、输入/输出、显示打印、报告现有监测值状态、调用历史数据、评估系统运行状态。

系统备有与便携式检测仪表或便携式计算机通信的接口,能够使用便携式检测仪表或便携式计算机采集检测数据,进行人工补测、比测,防止资料中断。

5)通信功能

系统具备数据通信功能,包括数据采集装置与监测管理站的计算机或监测管理中心站计算机之间的双向数据通信,以及监测管理站和监测管理中心站内部及其与系统外部的网络计算机之间的双向数据通信。

6)安全防护功能

系统具有网络安全防护功能,确保网络运行安全。

7)自检功能

系统具有自检能力,对现场设备进行自动检查,能在计算机上显示系统运行状态和故障信息,以便及时进行维护。

8)系统供电

电源管理模块适应宽电压输入,内置密封免维护电池保证外部停电的条件下仍可以正常运行,保证测量数据的完整性;系统采用220V交流电源,测控单元配备蓄电池,在系统供电中断的情况下,能保证现场数据采集装置至少连续工作一周。

9)系统具有较强的环境适应性和耐恶劣环境

系统具备防雷、防潮、防锈蚀、防鼠、抗震、抗电磁干扰等性能,能够在潮湿、高雷击、强电磁干扰条件下长期连续稳定正常运行。

3.3 试验厅防水工程

大型土工离心机系统的基本组成包括:离心机、振动台、机械手等试验辅助系统和土建配套设施,依据各组成设备的功能和工作特点,同时参考国内外的使用经验,土工离心机实验室一般采用三层布局。如图3-11所示,自上而下,顶层为测试控制区,中层为主机室,底层为地下设备间。此布局优点突出,可有效避免底层设备与主机室设备干扰,又便于设备的安装、调试、检查和维护,同时保障工作人员的安全。土工离心机和附属设备对防水有苛刻的要求,又处于中间层和底层,整个实验室的防水问题需要着重考虑。

图3-11 土工离心机实验室布局

3.3.1 地下室防水

地下室内有动力系统、润滑系统、液压系统等重要部件,如图3-12所示。其中离心机动力系统一般为电机,对于防水防潮有极为苛刻的要求。减速机和润滑泵站等设备遇水均会造成损坏。离心机的电机、减速机、润滑泵站等均位于地下室,工作室噪声大,地下室墙面往往加装吸音墙板,墙面渗水会导致吸音墙板受潮损坏,影响吸音效果。在设计阶段需要着重考虑,选用合理的防水措施,施工阶段严格控制施工质量,从根本上杜绝渗水漏水的隐患。

图 3-12　地下室设备

国内外其他离心机实验室发生过因地下室进水导致的严重事故,因此,离心机实验室需要采取一定措施防止积水进入室内。如图 3-13 ~ 图 3-15 所示,实验室入口、防火通道等应高于最高积水线,地下室入口位于室内,避免多雨季节因雨水倒灌造成地下室进水。同时,为防止极端天气引起的强降水越过实验室入口等处,实验室还需配备防水沙袋、防水板等。

图 3-13　实验室入口　　　　　　　图 3-14　防火通道

因离心机驱动电机安装在地下室,通风条件较差,在夏季高温潮湿时,地下室的空气湿度高,会影响电机的绝缘效果,空气湿度需要严格控制。为保证地下室内空气干燥,除配备通风设施外,还需配备若干台除湿机,如图 3-16 所示。在夏季或空气湿度大的季节,设置合适的运行时间,保证空气湿度不超标。地下室内安装自动泵系统,自动泵控制柜如图 3-17 所示。

图 3-15 地下室入口

图 3-16 除湿机

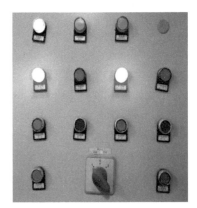

图 3-17 自动泵控制柜

地下室设备的电线、油管等均铺设在地沟内,如图 3-18 所示。离心机实验室应建在地下水位较高的地方。由于实验室基础的不均匀沉降或施工工艺不合理等,可能发生地沟渗水,为防止地沟渗水对设备运行造成影响,需在地沟内设置电缆架,将离心机的动力电缆、信号电缆和相关管路等安放于电缆架上,避免管线泡水。应在地下室适当地方设置集水坑,地沟与集水坑联通,如图 3-19 所示。当集水坑内的积水水位到达设定值时,自动泵系统将水排至室外。

图 3-18　电缆沟

图 3-19　集水坑

3.3.2　外墙防水

离心机的驱动柜、变电室等位于地上一层,所有设备均应严格防水。实验室内的试验材料,如高岭土、砂土等受潮会变性,影响试验使用。因此,离心机实验室若建于降水量大或降水时间长的地区,除考虑地下室需防水外,实验室门窗、外墙也要有相应的防水要求。外墙防水材料或施工工艺选择不合理,雨水透过保温层渗入室内会造成实验室内部墙皮脱落,水量大还可能造成设备损坏,甚至发生漏电等危险。

外墙保温材料一般选用岩棉和泡沫玻璃等,保温层的材料一定程度上决定外墙的防水性能。岩棉板作为传统防火保温材料,广泛应用于外墙保温,经表面处理具有一定的防水防潮性能。但其吸水性强,自身强度低,抗压强度较低,纤维为开孔结构,透气性好,但与墙体基层黏结力较差,因此施工过程中对砂浆黏结、抗裂性能要求较高,大面积施工时平整度控制较难。岩棉保温层如图 3-20 所示。泡沫玻璃为无机材料,不易老化,经久耐用,为闭孔蜂窝状结构,防水性好,施工后与墙体基层黏结力强,对黏结砂浆的性能要求较低。泡沫玻璃保温层如图 3-21 所示。基于岩棉和泡沫玻璃的区别,在外墙有防水要求时保温材料首选泡沫玻璃。

图 3-20　岩棉保温层

图 3-21　泡沫玻璃保温层

3.4　主机室温度控制

3.4.1　离心机的消耗功率

　　土工离心机在运转过程中消耗的功率由三部分组成:转动部分的惯性功率,摩阻功率和转臂、吊篮在转动过程中与空气作用产生的风阻功率。在启动过程中,电机输出的动力主要用于克服转动系统的惯性力,转臂的角加速度是影响惯性力的主要因素。一旦离心机达到设定加速度值,就进入了等速运行阶段,电机输出功率的70%用来克服主机室内的空气阻力,此时风阻是影响主机功率的主要因素。在设计阶段,要对转臂、吊篮的外形和迎风面积进行精心的计算,选取合理的主机室尺寸,必要时可在转臂和吊篮上安装整流罩,以达到减小气阻功率消耗的目的。

　　以美国加州大学戴维斯分校的大型离心机为例,该离心机半径为9.1m,加装振动台时离心加速度为$50g$,最大负载5t,吊篮尺寸为2.1m×1.9m。Scott教授提出了计算功率消耗的简化公式:

　　惯性功率:

$$P_i = J \dot{\omega} \omega$$

　　摩擦功率:

$$P_f = M_f \omega$$

　　气阻功率:

$$P_A = 0.5\rho\, C_x \omega\, \omega_a \left[0.25(h_1 R_1^3 + h_2 R_2^3 + S R_p^3) \right]$$

　　式中,J为离心机转动部分的转动惯量;ω为转臂的角速度;M_f为摩擦力矩;ρ为离心机主机室内的空气密度;C_x为风阻系数;ω_a为主机室内空气运动的角速度;h_1、h_2为离心机转臂两端的高度值;R_1、R_2为转臂两端半径方向的长度值;S为吊篮的迎风面积;R_p为吊篮质心处的旋转半径。

　　从以上公式可以看出,摩擦功率与离心机的转动角速度成正比,而惯性功率与离心机的转动角速度和角加速度成正比。通过上述公式对美国加州大学戴维斯分校离心机的功率组成进行估算,假定启动时间为20min,各功率组成随时间的变化关系如图3-22所示。由图中可以看出,随着离心机转动角速度的增加,气阻功率迅速增大,当离心机运转稳定后,角速度升至设定值,此时气阻功率达到最大值,远高于惯性功率和摩擦功率。惯性功率和摩擦功率在启动过程中均近似为线性增加,且增长缓慢,惯性功率在运转初期起主要作用。当离心机运转稳定后,因角加速度近乎为零,此时惯性功率急剧下降接近为零。而当离心机达到设定转速以恒定加速度值运转时,摩擦功率不再增加,可认为是恒定值。

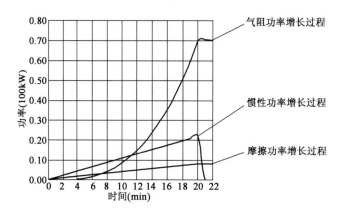

图 3-22　离心机消耗功率变化规律

3.4.2　温升影响规律

由能量守恒定律可知,当离心机运转稳定后,离心机消耗的气阻功率和摩擦功率将全部转化为热量,如果机室密闭,热量被墙壁、主机、辅助设备以及主机室内部的空气吸收,温度会迅速升高以致影响设备运转及试验效果。据中国工程物理研究院离心机研制人员的经验,如主机室内部不采取任何降温措施,大型土工离心机正常运行 1h,室温可升至 60~70℃,会使试验传感器的灵敏度、精度变差,温度过高还会影响控制电路的电阻,造成控制元件失效等严重后果。因此,为保证设备安全运行以及试验采集数据的准确性,主机室内需保持稳定良好的温度环境,必须采取有效的降温措施。

根据中国工程物理研究院离心机研制人员的研究,可归纳出各种因素对离心机主机室温升的影响规律,如表 3-1 所示。

几种因素对主机室温升的影响规律　　　　　　　　　　　表 3-1

影 响 因 素	温升变化规律	变 化 特 点
侧壁厚度	厚度增大,温升弱,非线性升高	铸铁:变化率≈0.67℃/mm 混凝土:变化率≈63.15℃/mm
侧壁材料热导率	热导率增大,温升降低	—
外表面换热系数	换热系数大,温升强,非线性降低	换热系数小于30W(㎡℃)时温升变化很快,大于60W(㎡℃)时温升变化很慢
排风流量	排风流量增大,温升非线性降低	排风流量小时温升变化快
排风口位置	排风口位置变化,温升几乎不变	变化率≈0

由表 3-1 中可知,减小主机室围墙厚度,选用导热率大的材料建造主机室围墙,增大外表面换热系数以及增大排风流量等措施都可以很好地控制主机室温升。为保证离心机运转安全,主机室围墙的强度必须足够大,以抵抗吊篮中物体掉落甚至吊篮脱落产生的冲击力,尤其对于主机室处于地上的大型离心机,围墙厚度不能无限制的减小。采用导热率大的材料建造侧壁,同时要达到强度要求,势必会造成建造成本的提高。而增大外表面换热系数,需增加强制换热系统,同样会造成建造费用升高。增大排风流量,要将通入主机室内的空气加速到随流速度,会使得离心机风阻功率增大。可见,单纯依靠单一方式来控制主机室的温升都会存在一定的不足。

3.4.3 降温措施

国内外土工离心机通常采用的降温措施主要有以下 3 种:

1)增加机室尺寸

最简单、最原始的降温冷却方法为增大主机室直径和高度,甚至是露天运行,可在很大程度上减少因空气相对运动造成的摩擦发热;也可在适当位置安装通风窗,并在主机室的顶面和墙壁上安装金属板进行散热。该方法非常简单,但传热效率低,温控效果有限,仅适用于小型土工离心机。因大型土工离心机半径大,负载大,运行时间长,采用此种方法会导致土建成本增加,且运转时的风阻功率增大,使设备能耗增加。

2)风冷

对于中大型的土工离心机,最常用的方法为强制空气冷却的方式。此种方法是在主机室靠近主轴的位置布置冷风口,在主机室四周设置出风口,借助离心机运行产生的压力差对主机室内进行强制换气,虽会使离心机的风阻功率增大,但不大的排风量就能实现较为理想的温控效果。目前,冷风入口位置有两种方案选择,一种方案为冷风口设置在顶部,热风排出口设置在底部,先对主机室进行冷却,然后经地下室后排出。另一种是考虑到电机散热,将冷风由地下室通入,先对电机等设备进行冷却,然后进入主机室,最后由顶部排出。后一种方案的优点是保证电机的适宜工作温度,同时考虑到热空气向上、冷空气向下运动的特点,认为冷却效果更优。综合来看,因离心机运转会影响主机室内的空气流场,冷空气的通入会对空气流场有扰动,因此主机室内空气温度差并不明显,借助温度差实现空气交换的方法优势不大;又因大型土工离心机的自重大,整体重量均通过机座作用在地板上,对地板的承载力及刚度提出了很高的要求,若将冷风进口设置在机座附近的地板上,会造成土建成本的增加以及施工难度的提高。

目前通用的方式为冷风由主机室顶部通入,热风由地下室排出。冷风可为自然风或经空调降温后的风,如离心机实验室地处北方,春、秋、冬季气温低,自然风即可满足离心机的降温要求;如离心机实验室地处常年温度较高地区,或者是离心机在夏季运行,户外气温高,则进入主机室的风必须由空调降温后被送入主机室,热风由专用的风机抽走。强制空气冷却的方式,因新输入的冷风与转臂的相对速度相差很大,必须依赖离心机耗用功率将空气加速,同时新空气的输入会扰动主机室内的空气流场,造成设备驱动功率的增加,同时冷却设备和通风管道占地空间大,对实验室的实际使用面积造成侵占。比如:日本 PWRI 大型土工离心机采用了强制空气冷却的方式对主机室进行降温,仅排风就需要 2 个直径为4.4m 的通风管道。另外,因主机室内的空气在离心机运行时存在交换,因此在主机室内部会形成周期性压力波,据法国 Actidyn 公司土工离心机研制者的相关经验,旋转半径为 6m 的离心机,当离心加速度为 $100g$ 时,可在墙壁上产生1.5kPa 的静态压力,周期性压力高达 3kPa,主机室土建设计和施工需对此进行考虑。

3)水冷

墙壁水冷是一种新的离心机主机室降温方式,一般是将冷水通入主机室墙体,循环后将热量抽走达到降温效果。这种措施的优点是:主机室内空气无交换,空气流场稳定,离心机的气阻功率较小;水的比热容大,水冷的传热效率高,换热量大,水温易于控制且噪声小。该种方式是目前最为理想、最为先进的离心机主机室温控方式,适用于需长时间运行的大型土工离心机。但墙壁水冷的方式也存在缺点,离心机高速运转产热量大,冷水源需配备冷却塔或专用的制冷机组,整套设备复杂,造价高。为实现此种方式,在混凝土墙壁上铺设水管后需在外侧加装钢制墙面,水管总长度大,若出现故障不易维修,且对水质有较高要求,若水质硬度大,需加装专用过滤器,否则长时间使用后水管内结垢影响冷却效果。因离心机运转产生较高风速以及周期性压力波,对墙壁的焊接工艺和安装技术都提出了很高的要求。另外,为保证主机室内适当的空气湿度,还需独立设置通风装置。目前,香港科技大学土工离心机和浙江大学 ZJU-400 土工离心机采用了墙壁水冷的降温措施。

第4章 设备的调试与使用

4.1 离心机安装调试

4.1.1 离心机安装

4.1.1.1 机械设备安装

一般工业设备的安装通常在土建工程完成后进行,但大型土工离心机各部件外形尺寸大,自重大,以 $500g \cdot t$ 大型土工离心机转臂为例,转臂自重超过 20t,长度超过 7m,安装时需要利用大型吊车进行安装,且离心机主机室顶部需整体浇筑混凝土,故离心机的主体机械部件安装无法在土建工程施工结束后进行,安装过程需与土建工程施工紧密配合。安装顺序如下:

首先,离心机土建工程施工到零高程位置后,对土建工程基础进行验收,经验收合格后,进行传动支撑和转臂的安装。在离心机安装现场,首先进行离心机传动支撑的安装,待传动支撑安装调整到位,拧紧各连接螺栓;然后将组装外包的臂架安装在传动支撑上,并拧紧连接胀套。全部安装完毕并进行现场安全防护,土建工程继续施工,待土建工程施工及室内装修工作完成后进入离心机的后续安装工作。

其次进行离心机底层、中层及顶层设备安装。包括底层的减速器支架与减速器、直流电机、稀油润滑系统、联轴器,监视系统等;中层的工作吊斗、下仪器舱、减振系统,监视系统等;顶层的上仪器舱等系统的安装工作。

随后安装地下室设备。安装地下室设备的顺序一般为:稀油润滑系统→减速器→直流电机等系统;地下室设备的就位通过土建工程预埋的天锚与手动葫芦完成,如图4-1所示。

直流电机、减速器需在土建工程预留孔的基础上埋设地脚螺栓并进行二次浇筑,地脚螺栓应垂直,螺母拧紧力矩应一致,螺母与垫圈和垫圈与设备的接触面应紧密;每个地脚螺栓均应放置调整垫铁,垫铁的层间不允许有间隙和松动,每组垫铁不超过3块,设备找正合适后,承受主要负荷的成对垫铁应点焊牢固,如图4-2所示。

图 4-1　地下室设备安装现场图 1

图 4-2　地下室设备安装现场图 2

　　离心机安装过程中,每进行到一个安装阶段应做手动盘车,如图 4-3 所示,检查装配状态,确认无卡滞、无异常方可继续下一步安装工序。全部安装工作完成后应做手动正反向盘车各 3 次,安装调试的全过程应做详细跟踪记录。

　　为保证离心机运转安全,对传动支承安装的铅垂度、与机室的同心度都提出了很高的要求,以天科院 TK-C500 型大型土工离心机为例,其传动支撑铅锤度的允许偏差不得大于 0.1mm/1000mm;传动支承旋转中心与机室中心的不同心度允许偏差 ±Φ10mm(通过测量转臂端头与机室墙壁间的距离获得),该尺寸由土建工程施工保证;减速器输出轴与传动支承主轴的同轴度偏差小于 ϕ0.5mm。

图 4-3 地下室设备安装现场图 3

直流电机输出轴端面与减速器输入轴端面之间采用膜片联轴器,两者同轴度偏差为小于 $\phi0.3mm$;下仪器舱输出轴与上仪器舱输入轴的同轴度偏差 $\pm\phi1mm$,通过可伸缩精密万向节连接。

4.1.1.2 电气系统安装

1)部件就位

开关柜、驱动柜、主控柜、辅助测控柜及电机准确就位,各控制柜与电机可靠接地。

2)主回路电缆安装

精确测量驱动柜主回路接线母排与电机接线盒之间的距离,根据此尺寸放电缆。电缆与连接器之间采用灌锡工艺。电机接地端子、电机外壳及减速器安装底板与地可靠连接。所有线缆连接前必须测通、断及绝缘。

3)控制线缆安装

准确测量开关柜与驱动柜之间、开关柜与主控柜之间、驱动柜与主控柜之间、主控柜与电机之间、主控柜与辅助测控柜之间、配电柜与开关柜及辅助测控柜之间的距离,按照相关图样规定的线型、规格及数量放线、布线,线缆与连接器之间采用焊锡工艺。所有线缆连接前必须测通、断及绝缘。

4.1.2 离心机调试

4.1.2.1 机械系统调试

首先,依照土工离心机的技术文件对机械系统的安装做全面检查,确认其总体安装的符合性和正确性;按正向(顺时针)、反向手动盘车各 3 次以上,每次不少于 5 周,确认无卡滞、无异常;稀油润滑系统在静态情况下正常工作,即正常供油并顺利回油,无泄漏。轴承温度测量传感器工作正常。

4.1.2.2　机械系统试运转

试运转的目的在于综合检验前阶段的设计、生产、安装调整的正确性,以便及时调整和弥补,使离心机的运行特性符合任务书要求。检查各系统的润滑情况,润滑系统的压力、流量、控制要求应符合设备技术文件的要求。各密封装置应严密不漏。各运动件运转平稳,无杂音,无抖动爬行和不正常的摩擦现象。多次重复上述试验,一切正常方可进行系统的调试工作。

4.1.2.3　电气系统调试

1)离心机不运行情况下通电调试

在通电前对照图样仔细检查各连接线,确定连接正确后方可通电。本阶段调试拖动控制系统与自动化控制系统的通信与逻辑控制功能。

(1)利用 Starter 组态软件进行系统组态,确定系统基本参数。

(2)开关柜功能调试:调试主开关的分、合功能。

(3)驱动柜功能调试:变频器的启动、停止。

(4)主控柜功能调试:离心机不运行的情况下,通电检查逻辑功能,包括:主开关的分、合;变频器的启动、停止;风机、油泵的工作状态及连锁信号、运行指示信号;油泵运行的油压信号等。

(5)PROFIBUS 总线通信功能调试(PLC 主站与各 DP 从站的通信功能调试)。

(6)以太网各节点之间的通信功能调试。

(7)TK-C500 型土工离心机监控软件调试:调试监控微机与 PLC 的通信功能。

2)离心机空载运行调试

本过程是调试的重点与难点,离心机运行转速应从低到高循序渐进。在地下室减速器处指派专人值守,发现问题及时报告。调试过程如下:

(1)设置速度、力矩、电流限幅,确保拖动系统安全。

(2)电流环控制参数优化。

(3)速度环控制参数优化。

(4)PLC 控制程序优化。

(5)监控软件优化。

在运行过程中仔细观察主控柜上触摸屏及各个指示灯以及开关柜、驱动柜仪表指示变化,遇到异常情况应立即停机,排除故障后才能重新启动离心机。

3)离心机负载运行调试

负载调试时应注意转臂两端的静平衡配平。在此联调过程中主要考察驱动器及电机驱动功率,由于电机输出功率大,电磁干扰会增大,可同时考验各种测试传感器、仪表的抗干扰能力,根据实际情况采取合理措施解决相应问题。负载增加了,控制系统机电时间常数变大,超调量及调节时间会发生变化,综合考虑不同负载情况,优化出一套合理控制参数。

4.1.3　振动台安装调试

由于离心机振动台能真实模拟原型应力场中的应力条件,能精确地再现原型在实际应力条件下的真实动力响应,因此,动力离心模型试验技术被公认是研究岩土工程地震问题最有效、最先进的研究方法和试验技术。

由于电液式振动台系统灵活性好,能够很好地满足动力离心模型试验的要求,在随后近三十年里该振动台系统得到了广泛快速的发展,电液式振动台为目前最为流行、最为先进、最为理想的离心机用振动模拟系统。它的发展已从水平单向振动发展到水平双向振动和垂直＋水平2D振动。电液式振动台系统,由振动台面、作动器、伺服阀、反馈装置、液压缸、动力源、计算机和控制软件等组成。该系统的基本工作原理是采用液压伺服自动控制系统控制高压蓄能器在瞬间释放油压,驱动作动器完成预设的输入波,带动模型及模型箱运动。这一振动台系统的优点是能够产生各种振幅及振动频率的任意振动波形,能精确地复现地震波,出力大,能激振很大荷载,可以进行无限次的地震模拟;缺点是结构复杂,造价高,需要较高的制造技术和维护技术。

离心机振动台是高度集成化的设备,且因技术指标高、设计难度大,在运抵试验场之前需进行一系列的测试工作,因此,大多数振动台在出厂时以完成主要部分的组装,并完成了初步测试。

土工离心机振动台组装完成后进行调试,首先进行油源、分路阀箱、液压旋转接头等的安装及管路连接,并对压力、功能、管路密封性进行测试。

安装主控电脑、数据采集系统、伺服控制系统,完成电缆连接和功能调试。

将振动台挂装到离心机上,完成管路及电缆连接。

在不启动离心机的条件下,对振动台进行基本功能调试,主要验证反馈信号与驱动信号是否一致,进行小能量地震波测试。

转动离心机至指定加速度值,对振动台的最大位移、最大速度、最大加速度、正弦波、地震波进行测试,并记录测试结果。

4.2 设备使用

4.2.1 离心机使用规程

离心机使用规程为:

(1)离心机的主要零部件上不得随意钻孔、安装辅助器件或修补更改,对于特殊需要,应经专业技术人员分析诊断后酌情处理。

(2)应对离心机实施连续管理,同时按手册规定作定期保养。

(3)离心机主机无试验任务时,至少每月运行一次,每次不少于30min,运行前后按本手册要求做全面检查记录。雷雨季节建议增加空载运转次数。

(4)建议设置使用维护记录手册,对离心机的技术状态实施长期的有效管理。

(5)标准紧固件的更换原则:凡螺栓及螺钉的螺纹损伤后,可选择相同强度级别的新品更换,对于旋转件或受力严重部位如吊斗、模型箱用的紧固件一旦需要更新时,应全部按原标准更新(换下来的完好旧件必要时可降级使用)。

(6)离心机全面检修保养周期:离心机第一次全面检修保养周期为自交付验收日起一年后实施,以后每两年做一次例行检修保养。

4.2.2 吊篮拆卸

由于土工离心机配置了两个工作吊篮,即常规吊篮与振动吊篮,图4-4为离心机正常工作状态。若需振动试验,将常规吊篮拆下,换上振动吊篮,常规吊篮拆卸程序如下:

(1)第一步:将吊篮的吊耳固定。根据图4-5a)所示位置通过定位杆(2件)与夹板(4件)内外布置,拧紧内外侧的锁紧螺母即可。

(2)第二步:支撑吊篮,支撑方法。按图4-5b)所示位置设置 3~4 个支撑点,支撑工具采用 3~5t 的液压千斤顶进行支撑。

(3)第三步:拆卸吊篮方法。首先取下图4-6序号1、6的锁紧螺母;然后按图示方向取下销轴,移动吊篮到指定位置,然后取下图4-6所示序号2、5的过渡套,整个吊篮拆卸工作结束。

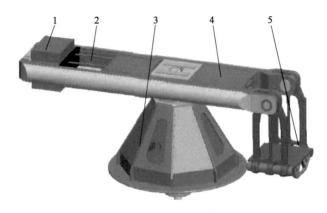

图4-4 转动系统示意图

1-配重水箱;2-平衡配重腔;3-机座;4-臂架;5-工作吊篮

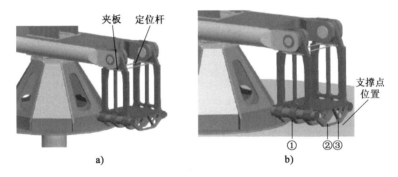

图4-5 吊篮拆卸示意图1

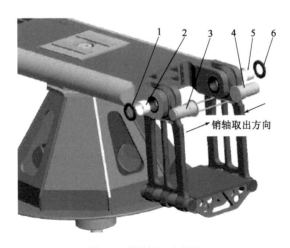

图4-6 吊篮拆卸示意图2

4.2.3　吊篮的装配

吊篮装配方法如图4-7所示。

（1）第一步：将吊篮（工作吊篮、振动吊篮）吊入转臂的叉口内。

（2）第二步：支撑吊篮，支撑点的布置与吊篮的拆卸方法一致。

（3）第三步：调整吊篮的位置，保证吊篮的销轴孔与转臂拉力梁的销轴孔在同一中心线。

（4）第四步：按图所示要求装入销轴、过渡套及锁紧螺母。

（5）振动吊篮的锁紧螺母固定方法按照振动台安装要求执行。

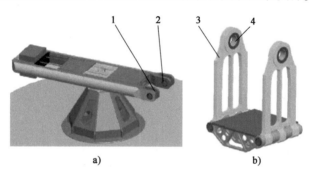

图4-7　工作吊篮装配示意图

1-转臂拉力梁叉口;2-拉力梁销轴孔;3-工作吊篮的吊耳;4-工作吊篮的销轴孔

4.2.4　日常维护保养

4.2.4.1　稀油润滑系统

稀油润滑系统如图4-8a）、b）所示，主要用于对减速器的轴承、齿轮与传动支撑的轴承进行强制润滑。

更换润滑油，通过抽油设备或利用油箱的放油口［如图4-8a）序号2所示］将油箱的油全部放干净，再通过注油口［如图4-8a）序号1所示］注入同型号的齿轮油。

在离心机运行过程中，若发生润滑油路压差故障（油站正常工作，但供油压力低），可通过旋转转动手柄［如图4-8序号5）所示］，使用备用滤油器，确保供油正常。

油站上过滤器1、过滤器2的滤芯（2个）［如图4-8序号4、6所示］每一年应打开清洗一次。

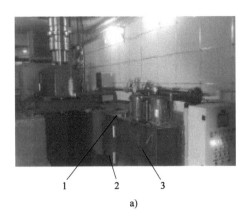

a)

b)

图4-8 稀油润滑系统结构示意图
1-注油口;2-放油口;3-稀油站;4-过滤器1;5-转动手柄;6-过滤器2

4.2.4.2 电气系统

电气系统应注意的事项有:

(1)实验室应保持良好的通风并具备防潮设施。

(2)实验室尤其地下室、主机室、驱动间、制冷送风间保持清洁。

(3)试验前检查上、下仪器舱接线端子是否有松动,并定期紧固开关柜、驱动柜、主控柜、辅助测控柜、油源控制柜内接线端子。

(4)定期为驱动器除尘,具体除尘方法见6RA80驱动器使用说明书,并保持驱动间干燥。

(5)电机必须保持完全清洁,不应有水或油流入,定期为电机进气防尘罩除尘,详细维护说明见电机使用说明书。

(6)电机绝缘电阻检查,用1000V兆欧表检查电机绕组对地的绝缘电阻,绝缘电阻应大于$1M\Omega$。若小于规定值,应作除湿、通风处理,并检查绕组绝缘是否损坏(此项工作需要由专业人员进行操作)。

注:检测前应将电机接线脱开,否则极易损坏控制器件。

(7)发生故障后应及时检修,防止故障扩大。

(8)每个月空载运行一次,最高加速度为$100g$,连续运行30min。在雨季时,应增加空载运行次数。

(9)工作间及电缆沟(槽)内无鼠、蛇等危害电缆。

(10)计算机禁止使用带有病毒的软件或文件,发现病毒应及时清除。

(11)经常检查各个连接电缆、接头、接插件等处是否有松动、掉线现象。

4.3 振 动 台

4.3.1 振动台试验前的检查准备

（1）液压系统检查。液压系统主要由油源、蓄能器、液压缸、电磁阀等元件组成。先进行外观检查，主要检查液压系统外观是否有异样，是否有开放油口，是否有漏油；检查油路上各个闸阀的开关是否置于正确的位置；检查油箱内油液是否已加至油标窗的最高位置；检查蓄能器上的软管扣压处是否有明显突起；检查液压系统的各连接件是否紧固等。接入三相电源（380V），检查电机运转方向是否满足液压泵方向的要求。开启液压站，调整好系统压力，将远控箱补油控制块上的电磁阀开关打开，系统供油建立。

（2）电控系统检查。振动台的振动电控系统主要由计算机、控制柜、集流环以及分别安装在作动器和振动台上的电液伺服阀、位移传感器和加速度传感器等组成，采用位移、速度和加速度三参数闭环控制方式。电控系统检查主要包括：检查所有连线是否连接正确，如伺服控制器到传感器、伺服阀的连线，远控箱与伺服控制箱之间的主控信号、测量信号、电源等之间的连线，计算机输出的模控信号和信号源输出信号与主控人端是否连接，电荷放大器的信号与数控端子板的连接，计算机输出的离心机控制信号与离心机控制器的连接等；检查电源开关是否处在关的位置；检查集流环、计算机能否正常工作等。

（3）数据采集系统检查。数据采集系统主要是由数据采集器、接线端子、内置放大器和 A/D 转换、计算机等组成。主要检查各种传感器与接线端子和采集器的连接是否正确，检查计算机能否正常工作，信号的传输是否正常等。

（4）激振系统检查。电液激振系统由电液伺服阀和双向作动器等组成，它是振动台的核心。主要检查液压油源和电源线与激振系统的连接是否正常。将伺服控制系统的电源线与电网 AC220V 插座相连，开启液压油源，给伺服阀施加较小控制信号，观察液压振动台是否运动正常。将伺服控制箱的控制键增益、调零、反馈调节旋钮等调节到设定值，关闭控制调节旋钮。

（5）振动台台体系统检查。这一部分主要包括振动台台面、底座及其支撑机构，支撑机构主要用直线导轨式结构，它将台面支撑在台底上。主要检查各部分的连接件是否充分紧固。

4.3.2　振动台测试

振动台的性能测试工作分为两种情况,一是在1g条件即没有离心力的情况进行性能测试;另一种情况是在 Ng 条件下即不同离心加速度情况下进行性能测试。

地震波测试的过程是先打开数控计算机中的"离心机控制系统"程序,调用"驱动生成/任意波"模块,按格式要求输入要再现的波形文件。向伺服控制器发出第一帧指令,伺服控制器通过控制伺服阀驱动激振器,使其通过伺服回路"尽可能"达到指令所要求的位置。由于系统的复杂性,此时的响应通常与指令要求相差较大。数控系统从传感器采集此数据后,以"帧"为单位对数据进行分析、数字滤波、迭代等数字信号处理,得到能使伺服后的响应更接近要求的目标空间的新指令,再向伺服控制器发出。此过程反复循环即可达到要求的响应,在迭代过程中,根据实时显示的响应波形来决定是否结束迭代。迭代结束后,打开离心机控制系统,使离心机转速达到输入的离心机加速度值。离心机转速稳定后,输入迭代成功的"驱动生成/任意波"。

4.3.3　液压系统

振动台由水平/垂直作动器激振,动力来源于位于地下室的液压油源,如图4-9所示。在油源的进油和回油管路连接至液压系统的分路阀箱,如图4-10所示,分路阀箱上有一顺序阀,确保先导阀在主阀之前获得压力,可以保证作动器在启动阶段的稳定性。

图4-9　液压泵站

图 4-10 分路阀箱

当液压管路连接到旋转接头上,如图 4-11 所示。离心机需要运转时,即便振动台不工作,也必须保证有少量油在管路里循环来实现对旋转接头内部密封件的冷却。

旋转接头连接液压、水管后,外圈保持不动。如不连接管路,外圈与内圈同步转动。如果试验过程中不需要使用液压油或水,可以将管路断开以减少旋转接头的磨损。

4.3.4　安全注意事项

离心机振动台属于高能设备且非常昂贵,为避免发生人身和财产损失,一定要保证设备运行安全。以下事项需要重点注意:

(1)在操作设备前,认真学习并熟练掌握相关操作要求;

图 4-11　旋转接头

(2)使用设备时,操作人员要具备专业知识并遵从厂家的安全操作规定;

(3)未经厂家培训的人员禁止操作此设备;

(4)液压系统需使用专用液压油,在油泵开启时,需开启水冷系统对液压油进行冷却;定期查看邮箱内液位高度,液位变低时,加入指定标号液压油至初始液位高度;

(5)定期查看液压泵输出压力,如超出范围,及时调整;

102

（6）每次挂装振动台至离心机，检查振动台上的螺栓，如有松动，按指定要求进行紧固；

（7）每3个月对蓄能器内氮气压力进行监测，若压力不足，及时补充干燥、清洁的氮气；

（8）如果有油管、水管连接在旋转接头上，油泵、水泵发生故障时，应立即将离心机停机；

（9）定期检查电缆和接头，如有损坏，及时维修更换；对控制电缆进行认真维护，采用相应手段使之能承受离心机的高离心加速度值；

（10）液压管路或水管如果有泄漏应及时修复，管路不连接时，采取相应措施进行保护以防发生油、水污染，尤其要避免液压系统的污染；

（11）离心机或振动台台面上不允许有松动物件遗留；

（12）只有在伺服控制器上电时才能开启液压油源；

（13）避免将工具或者其他部件掉落进水平台与振动台框架的缝隙内，如有部件掉落进缝隙，在移除之前严禁启动振动台。

第5章 土工离心机模拟工程实践

5.1 岩土地基模型设计与制作

进行土工离心模型试验时,理论上应将结构与地基材料按相同的比尺进行缩尺,但对于一些砂土、黏土材料,很难制备或找出与之对应的性质相同或相似的模型材料。因此,岩土模型材料的选择,除粗颗粒土外,一般与原型材料相同,尽管在某些情况下会出现粒径效应。按照土颗粒的大小,分三种情况进行讨论岩土地基模型的设计与制作,即粗颗粒土模型、砂土模型及黏土模型。另外对于一些特殊土,也需要有针对性地进行处理,以达到离心模型试验中土体主要特性能与实际情况一致。

在土工离心机中进行岩土地基的模拟,首先要满足自重相似。原型地基土层的自重应力为:

$$(\sigma_z)_p = \gamma h_p = \rho g h_p \tag{5-1}$$

式中,σ_z 为自重应力,下标 p 为原型,γ 为重度,ρ 为密度,g 为重力加速度,h 为深度。

以原型材料按1:n 比尺制作的模型在离心力场中的自重应力为:

$$(\sigma_z)_m = \gamma h_m = \rho a \frac{h_p}{h_m} \tag{5-2}$$

当两者满足相似关系时:$(\sigma_z)_p = (\sigma_z)_m$,则:

$$a = ng \tag{5-3}$$

式中,a 为离心场加速度。

对于土层中任意一点的土颗粒,当该处上覆自重应力相似后,土颗粒自身也需满足相似关系:

$$G_p = (\rho v g)_p = G_m = (\rho v a)_m \tag{5-4}$$

104

则：

$$b_{\mathrm{m}} = \frac{1}{n^{\frac{1}{3}}} b_{\mathrm{p}} \qquad (5\text{-}5)$$

式中，G 表示土颗粒自重，v 表示土颗粒体积，b 表示土颗粒外观尺寸。

由式(5-1)～式(5-5)可以看出，在满足宏观与微观自重应力相似的前提下，当离心场加速度为 ng 时，模型宏观尺寸为原型的 $1/n$，微观尺寸为原型的 $1/n^{\frac{1}{3}}$。当离心场加速度为 $64g$ 时，模型材料的颗粒为原型的 0.25 倍，颗粒缩尺以后其自身的力学性质也很可能会发生变化，如细砂缩尺以后可能变为粉土，粉土缩尺以后变为黏土，因此，离心模型试验中很多情况下用原型材料代替。

5.1.1 粗颗粒岩土材料模型制作

粗颗粒岩土材料的离心模型试验于土石坝和堤防工程的模拟中，如堆石坝、土石混合坝、斜坡堤、混成堤等，粗颗粒岩土材料难以直接在土工离心模型试验中使用，因此必须考虑其缩尺问题。粗颗粒土缩尺的基本原则就是粒径缩小后的模型材料与原型材料有相同或相近的力学性质。

对于粗颗粒土的缩尺问题，目前主要做法就是参考《土工试验方法与标准》(GB/T—50123—1999)中大型三轴试验方法进行，常用的有剔除法、等量替代法和相似级配法。粗颗粒土的缩尺需考虑土的粒径效应、模型箱的尺寸效应及边界效应，具体方法可参考《岩土离心模拟技术的原理和工程应用》(第五章)。

5.1.2 砂土材料模型制作

砂土地基模型一般与原型材料相同，但有时也会出现粒径效应的问题，目前的研究主要是通过模型基础底面最小尺寸 B_{m} 与地基材料平均粒径 d_{50} 的比值来进行判断。当 B_{m}/d_{50} 超过某一值时，粒径效应对试验结果的影响可以忽略，但 B_{m}/d_{50} 值的确定目前研究尚不充分，需要针对具体工程问题进行专门的研究。现有的一些研究结果表明，影响 B_{m}/d_{50} 值的因素主要有地基土体的密度与强度、基础形状与埋深、基础结构表面粗糙程度与结构自身刚度等。

忽略粒径效应进行砂土地基模型制作时，需要控制其密实度、孔隙率、含水率及颗粒级配等。为控制砂土密实度和孔隙率，砂土模型可以采用分层夯实法和砂雨法。分层夯实法需按设计的密实度和孔隙率计算出材料的重量，将散砂装入模型箱内，用夯实的方法使其达到预定的高度。砂雨法则是用一漏斗型容器，将砂料装入其中，从一定的高度上将砂均匀洒落至模型箱内。成型后的模型地层的密实度与漏斗的高度和撒砂的速度有关，模型的含水率一般采用分层夯实法进行控制。

Mitchell 等认为砂雨法制备试样的过程与水流沉积、风积砂土层的天然形成过程很接近，较适用于制备模拟水流沉积和风积而成的天然砂土层，夯实法比较适用于制备模拟回填土的砂土层。

目前离心模型试验中砂土地基模型的制备一般采用砂雨法进行，砂雨法制备砂土地基模型时也受到多种因素影响。马险峰等[5]通过砂雨法试样制备平行试验的研究表明，落距是影响相对密实度的主要因素之一，除此之外，出砂口的形状、孔径大小、模型高度、出砂头移动速度、流量、有无筛网等都对相对密实度的大小有一定的影响。对于某一特定的出砂头，砂土相对密实度随出砂口与砂面的高度增大而增大，但增长速率逐渐减小，相对密实度低的部分，高度变化对相对密实度影响显著，相对密实度较高的部分，高度影响较小。对于同一类型出砂口的孔径大，其相对密实度小，出砂口移动速率大，砂土相对密实度也越大。当砂样流量较小时，落距的变化对试样相对密实度影响较小，随着流量增大，落距的变化对相对密实度的影响也逐渐增大。在相同的落距下，流量越大，砂样的相对密实度越小，而且落距越小，这个差别越明显。相同流量的情况下，有无筛网对相对密实度有很大影响，而筛网层数对相对密实度的影响不明显。相同落距下，无筛网时的相对密实度将远远小于有筛网的密实度。筛网影响扩散程度，层数越多，扩散程度越大，砂样相对密实度也越大。

李浩等对砂雨法制备砂土地基模型控制要素试验进行了研究，其研究结果部分与马险峰等的研究结果类似。另外，作者还对筛网孔径的不同、相对密实度空间分布变化进行了研究。对于筛网孔径方面，筛孔孔径越小，相对密实度越大。对于相对密实度的空间分布方面，同一砂层上，因模型箱存在边壁效应，模型箱中部砂土相对密实度较四边、四角处大，而且模型箱中部的均匀性也好于四边、四角，在深度方向上亦是如此。

由于砂雨法制备土样时砂土相对密实度的影响因素较多，因此，可以根据实验室条件选择几个容易操作的影响因素进行控制，如落距与流量。由于边壁效应的影响，模型箱内砂样相对密实度并不是很均匀，因此，控制要素选好之后，将模型箱内空间大致分为九个区域，同时在每个区域放置铝盒（测试砂土相对密实度用）如图5-1所示。在角部的 1~4 号区域、边部的 5~8 号区域，每个区域放置一个铝盒，在中部的 9 号区域，中心位移放置一个铝盒，四个角部各放一个铝盒。试验准备工作结束后，设定一个落距然后进行撒砂，整个模型箱内同一砂层的落距相同，同时通过控制不同区域的砂流量来调整相对密实度的不均匀性。如在中部的 9 号区域撒砂时，可以适当增大砂流量，在 5~8 号区域区域，砂流量稍小,在 1～4 号区域,砂流量最小。通过这种方式撒砂的同时,记录每个区域的砂流量,撒完一层砂时,取出铝盒,测试每个铝盒的重量,计算其相对密实度。根据每个区域相对密实度大小,首先调整落距,直至 9 号区域砂的相对密实度与试验设计值相等。然后固定落距,重新调整每个区域撒砂时的砂流量,直至整层砂土在平面上分布均匀。

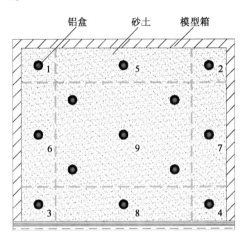

图 5-1　砂雨法制备土样方法

5.1.3　黏土材料模型制作

黏土模型的制作需要控制其干密度、饱和密度、不排水抗剪强度及固结度等。制作黏土模型时,首先将黏土晒干或烘干然后进行粉碎,再按 2 倍的液限含水量加水进行充分搅拌。为防止搅拌过程中气泡混入土体中,可采用真空搅拌器进行搅拌(图 5-2),搅拌均匀后将土样倒入模型箱内。同样,为防止土样倒入模型箱内混入空气,可以将搅拌器下漏斗接上导管,导管端部直接没入模型箱内的土样中。

土样制作完成以后,对土样进行固结,固结的方法有两种:离心力场固结与预压固结,如图 5-3 所示。

1)离心力场固结

离心力场中固结时,将模型箱放入离心机内并施加一定的加速度,根据预定固结度计算相应的固结时间,进而根据相似比尺关系确定离心机运行时间。由于固结度与固结的时间因数有关,胡中雄[7]将固结度与时间因数之间的关系简化为:

图 5-2　真空搅拌器图　　　　图 5-3　固结仪固结土样

（1）当固结度 U <0.60 时：

或

$$\left.\begin{array}{l} T_\mathrm{v} = \dfrac{\pi}{4}U^2 \\ U = 1.128\sqrt{T_\mathrm{v}} \end{array}\right\} \tag{5-6}$$

（2）当固结度 U >0.60 时：

$$U = 1 - \frac{8}{\pi^2}e^{-\frac{\pi^2}{4}T_\mathrm{v}} \tag{5-7}$$

式中，T_v 表示时间因数，U 表示固结度。

式(5-6)、式(5-7)可以看出，固结度只与时间因数有关，因此，确定时间因数的相似关系，便可确定固结度的相似关系。由原型与模型之间的相似关系：

$$(T_\mathrm{v})_\mathrm{p} = (T_\mathrm{v})_\mathrm{m} \tag{5-8}$$

其中：

$$T_\mathrm{v} = \frac{C_\mathrm{v}t}{H^2} \tag{5-9}$$

式中，t 表示固结时间，H 表示土层的最大排水距离，C_v 表示固结系数。模型与原型相似：

$$\left(\frac{C_\mathrm{v}t}{H^2}\right)_\mathrm{p} = \left(\frac{C_\mathrm{v}t}{H^2}\right)_\mathrm{m} \tag{5-10}$$

原型与模型土体材料相同时，$C_\mathrm{vm} = C_\mathrm{vp}$，则：

$$t_{m} = \frac{t_p}{n^2} \tag{5-11}$$

离心机启动之后，在达到设计加速度之前需要经历一段时间，如图 5-4 所示。经历时间 t_j 可达到设计加速度 n_j，假定该过程是线性变化的，在加速度上升阶段的某一时刻 t_i 有相似关系：$\frac{n_i}{n_j} = \frac{t_i}{t_j}$。在固结过程中，时间比尺为 n^2，则 Δt 时间内所模拟的固结时间为 $\Delta t_p = n_i^2 \Delta t$，因此，在整个加速度上升阶段所模拟的实际固结时间为：

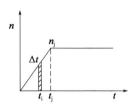

图 5-4　加载时间

$$t_{pj} = \int_0^{t_j} \left(\frac{n_j}{t_j}\right)^2 t^2 \mathrm{d}t = \frac{1}{3} n_j^2 t_j \tag{5-12}$$

则以加速度 ng 条件下的运行时间为：

$$t_{mf} = \frac{t_p - t_{pj}}{n^2} \tag{5-13}$$

2）预压固结

采用预压固结时，需要根据模型的设计固结度计算所需的荷载和加载时间。加载过程中用 T-Bar 或微型十字板测量土体不排水抗剪强度，直至与设计强度相同。J. Garnier[8] 通过大量试验建立了黏土不排水强度 c_u 与超固结比 OCR 以及上覆土层压力 σ'_v 之间的经验关系：

$$c_u = k_1 \sigma'_v \mathrm{OCR}^m \tag{5-14}$$

$$\mathrm{OCR} = \frac{\sigma'_{v\ max}}{\sigma'_v} \tag{5-15}$$

式中，k_1、m 为经验系数，根据 J. Garnier 的试验结果，k_1 取 $0.19 \sim 0.4$，m 取 $0.57 \sim 0.59$。Bolton&Stewart 通过试验得出 $k_1 = 0.29$、$m = 0.405$，Gourvenec 通过试验得出 $k_1 = 0.18$、$m = 0.7$。可见，不同的黏土，式（5-14）中的经验系数有较大差别，因此在进行黏土模型制作时，其不排水强度需具体测定。c_u 为不排水抗剪强度，$\sigma'_{v\ max}$ 为先期固结最大有效应力，OCR 为固结度，σ'_v 为原型土体某一深度处竖向有效应力。

对于同一种土，J. Garnier 分别用微型十字板和微型触探仪测定了土的强度，并给出了不排水强度 c_u 与锥尖阻力 q_c 之间的关系：

$$q_c = k_2 c_u \tag{5-16}$$

式中，k_2 为经验系数，一般取 $14 \sim 18.5$，可以根据仪器出厂标定进行取值。

5.1.4 特殊土材料模型制作

1）湿陷性黄土离心模型制作

对于湿陷性黄土的模拟，一般通过采用原状湿陷性黄土和重塑湿陷性黄土的方法来实现[11]。原状湿陷性黄土是指原位采集整体试验土块，在尽量较好保护其结构性的前提下，在实验室按照试验的尺寸要求加工而成，对于重塑湿陷性黄土，是指通过严格控制其关键物理指标来近似还原其湿陷性，其中关键性的指标包括土体密度、含水率、孔隙比、孔隙率、饱和度及土颗粒相对密度。对于重塑湿陷性黄土，除了严格控制其各项物理指标外，建议进行原状湿陷性黄土与重塑湿陷性黄土的湿陷程度的试验，以判定重塑湿陷性黄土与原状湿陷性黄土的相似程度。

对于黄土湿陷程度，按照室内压缩试验进行，在一定压力下测试湿陷系数 δ_s 判定：

$$\delta_s = \frac{h_p - h_p'}{h_0} \tag{5-17}$$

式中，h_p 表示土样在压力 s 下稳定后的高度，h_p' 表示土样在浸水后湿陷稳定后的高度，h_0 表示土样的原始高度。

对于结构性的湿陷性黄土，除了原位采集整体试验土块，还可以采用人工制备结构性黄土的方法进行。人工制备结构性黄土方法为：用碾碎的黄土和 $Ca(OH)_2$ 混合后，配制到天然含水率，密封静置 24h 以上，按照离心模型比尺的要求压实到和天然密度一样。这时把模型箱和土样一起放入密封容器中，抽气 12h 后灌入 CO_2 气体，使土体中的 $Ca(OH)_2$ 变成 $CaCO_3$，这样土颗粒之间的黏结便可形成。

2）膨胀土离心模型制作

含水率是影响膨胀土力学指标与变形行为的重要因素，因此膨胀土离心模型的制作应根据含水率进行控制。首先，现场取土后将土晒干碾碎，并按照天然含水率加水充分拌匀，密封静置 24h 以上，然后在模型箱内分层击实，每层厚 4~5cm，直至设计高度。

3）红黏土离心模型制作

现场取红黏土重塑，按照原状土含水率、视密度、孔隙比饱和度等指标进行配制。模型土体制作时，首先计算出土颗粒总体积及水的体积及土颗粒与水在模型箱中的高度，然后分层筛土，均匀水平推进填筑红黏土地基土层，每层 5cm，分层之间交界处土面进行刨毛处理。封层填筑的同时喷淋水雾已达到设计含水率及湿密度。地基土层制作完成后自然固结一天，然后在 ng 条件下固结至设计高度。

4）高岭土离心模型制作

除了一些特殊土需用原状土进行模型试验，其他普通黏土进行离心模型试验时，可以用高岭土代替。黏土颗粒大小一般小于 0.075mm，高岭土粒径一般小于 0.05mm，用高岭土代替黏土进行离心模型试验一方面可以降低黏土颗粒缩尺带来的误差，另一方面由于高岭土成分单一，试验中能排除不必要的干扰因素，更有利于离心模型试验分析。

用高岭土进行地基模型土层制作时，其制作方法与黏土相同，可参考7.1.3节中的方法制作地基土层模型。模型制作过程中，首先测得原状土的物理力学指标，尤其是不排水抗剪强度，高岭土固结过程中根据原状土的不排水抗剪强度控制高岭土的强度。

5.1.5　特殊条件下土体模型制作

1）边坡稳定性试验

原型边坡稳定安全系数可表示为：

$$F_{sp} = \left[\frac{\sum (c_i l_i + W_i \cos\alpha_i \tan\varphi_i)}{\sum W_i \sin\alpha_i} \right]_p \tag{5-18}$$

式中，l_i 为第 i 土条的弧长；W_i 为第 i 土条自重；α_i 为第 i 土条弧线中点切线与水平线夹角；c_i、φ_i 为第 i 土条滑动面上的抗剪强度指标。

ng 条件下的离心模型中，式（5-18）中模型与原型各物理量之间有以下关系：

$$c_{i,p} = c_{i,m}, l_{i,p} = nl_{i,m}, \alpha_{i,p} = \alpha_{i,m}$$
$$\varphi_{i,p} = \varphi_{i,m}, W_{i,p} = nW_{i,m} \tag{5-19}$$

将式（5-19）代入式（5-18）可得：

$$F_{sm} = F_{sp} \tag{5-20}$$

式（5-20）表明模型原型之间有相同的稳定安全系数，将安全系数可用相关物理量的函数表示：

$$F_s = f(h, \alpha, \rho, c, \varphi, c_u) \tag{5-21}$$

这需要模型与原型之间满足以下关系：

$$\begin{cases} c_{\mathrm{p}} = c_{\mathrm{m}} \\ \varphi_{\mathrm{p}} = \varphi_{\mathrm{m}} \\ \alpha_{\mathrm{p}} = \alpha_{\mathrm{m}} \\ c_{\mathrm{u,p}} = c_{\mathrm{u,m}} \end{cases} \qquad (5\text{-}22)$$

式(5-22)表明,模型土体与原型土体之间不仅要有相同的不排水强度,其黏聚力、内摩擦角也需要一致,另外,模型与原型之间还必须有相同的坡度。

因此,对于边坡类的土体模型制作,模型土体尽量与原型土体一样,然后将原状土体重新制备并分层固结,最后各层土体固结完好再整体削坡。

另外,需要研究稳定性的试验,如基坑稳定性、基础稳定性等,稳定性安全系数中均与地基土体的抗剪强度指标有关,这方面的离心模型试验其地基土层模型制作尽量取原状土进行。

2)颗粒破碎离心模型试验

一些高土石坝、粗颗粒土、脆性土体材料(如钙质砂)在自重、外部荷载作用下会发生颗粒破碎现象。针对高土石坝及粗颗粒离心模型试验,土石坝料及粗颗粒土料需要缩尺,然后按照土工试验规程土样制备中等量替代法制备模型土料,并使其抗剪强度指标、压缩模量与原型接近。针对脆性土料(钙质砂)的模型制备,首先需要获得原型土料的密实度、颗粒级配等基本物理指标,然后在实验室用原型土料通过砂雨法制备模型土样。如果需要研究不同粒度成分对地基土体承载特性的影响,可先对原型土料进行筛分,然后重新配制土料在通过砂雨法制备模型土样。

3)高水压条件下离心模型试验

深海隧道、管线方面的离心模型试验需要解决高水压问题,一些深水隧道、管线的水压可达1MPa以上,隧道、管线截面本身不是很大,小比尺的模型制作、试验操作比较困难,另外受模型箱限制,整体模型中的水位模型深度有时会超过模型箱高度,这时,需要解决高水头压力的模拟问题。

土体渗透系数可以通过土体固有渗透系数K及液体黏滞性得到:

$$k = \frac{K\rho_{\mathrm{f}}g}{\eta} \qquad (5\text{-}23)$$

式中,ρ_{f}为流体密度;η为动力黏滞系数;K是土体颗粒形状、大小及排列的函数,当采用原型土体进行离心模型试验时,$K_{\mathrm{m}} = K_{\mathrm{p}}$。一般,模型中流体与原型相同时,$k_{\mathrm{m}} = nk_{\mathrm{p}}$。

当需要解决高水头压力问题时,一般可采用重液替代的方法,即用密度较大的液体代替原型中流体进行离心模型试验。当然,采用重液替代的同时,还需要考虑重液的动力黏滞系数,密度提高、黏滞系数也要提高,最好能保证模型中土体渗透系数仍然时原型中的 n 倍。

采用重液替代原型流体进行离心模型试验时,土层模型的制作方法基本与正常情况下的相同,但需要注意的是,有些重液具有腐蚀性,试验前可在模型箱内侧壁、底部贴上防腐蚀的薄膜。另外,试验中测土压力、孔隙水压力时,也需要对传感器做一定的保护。

5.1.6 土层模型饱和问题

多数情况下,研究对象的土体处于饱和状态,因此,地基土层模型的饱和是模拟的一个关键。由于水中容易溶入气体,在进行离心模型试验时,尤其动力离心模型试验过程中,气体脱出水体进入土体内,造成土体非饱和状态。

砂土地基离心模型试验方面,硅油、羟丙基甲基纤维素等由于其具有较高的纯度、不宜溶入气体,因此 Lee[15]采用硅油制备饱和砂土地基进行了饱和的砂土坝模型试验、张雪东等[16]采用羟丙基甲基纤维素对砂土地基模型进行饱和并进行了饱和砂土地基液化离心机振动台模型试验研究。模型制作之前将砂土放入干燥箱内进行充分干燥,使土体内的水分完全蒸发,然后用替代液体对砂土地基进行饱和。为获得高饱和度和避免饱和过程对模型的扰动,试验过程中通过控制稳定的真空水头进而对模型产生负压。

对于饱和黏土方面的模拟,试验之前将黏土晒干或烘干,然后将黏土碾碎。碾碎后置入容器中加入两倍液限含水率时的水分并用真空搅拌装置在负压($-100kPa$)下充分搅拌,搅拌完成后将其倒入模型箱内再进行固结。搅拌过程不低于4h,如果搅拌装置的压力表压力读数能保持稳定可以结束搅拌。

5.2 结构模型设计与制作

涉及岩土工程领域的结构类型多种多样,其所采用的材料也有多种,如金属材料、混凝土材料、有机材料(沥青、高分子等)及土工合成材料等,按结构的力学性质可分为抗压型结构、抗拉型结构、抗弯型结构、抗剪型结构及抗扭型结构。

土工离心模拟的基本原理是将原型材料按一定比尺制成模型并置于超重力场中,使模型应力状态与原型应力状态相似。因此,对于离心模型试验中结构模型的制作,除了考虑其自重体积力的相似性以外,还需要考虑其建筑功能保证其力学性质的相似性。严格意义上来说,对于任意一个离心结构模型,其抗拉、压、弯、剪、扭的力学性质需同时满足与原型相似,但事实上,除了采用与原型相同材料的模型,采用替代材料进行模型制作时,这些力学性质的相似性难以同时满足。因此,对于替代材料往往考虑其建筑功能满足主要力学性质的相似性。

当模型材料与原型材料相同时,ng 加速度下,结构外观尺寸、各截面尺寸缩小 n 倍后:

原型、模型材料抗拉、压刚度:

$$(EA)_p = n^2 (EA)_m \tag{5-24}$$

原型、模型材料抗弯刚度:

$$(EI)_p = n^4 (EI)_m \tag{5-25}$$

原型、模型材料抗剪刚度:

$$(GA)_p = n^2 (GA)_m \tag{5-26}$$

原型、模型材料抗扭刚度:

$$(GI_\rho)_p = n^4 (GI_\rho)_m \tag{5-27}$$

式(5-24)~式(5-27)中,E 为弹性模型;G 为剪切模型;A 为截面面积;I 为截面惯性矩;I_ρ 为极惯性矩。

当模型材料与原型材料相同时,模型材料的弹性模型、剪切模型与原型相同,截面面积与原型之间比尺为 $1:n^2$,惯性矩、极惯性矩与原型之间比尺为 $1:n^4$。

而多数情况下,模型材料难以与原型材料相同,如薄壁钢筋混凝土材料,当模型材料采用钢筋混凝土而且模型比尺较大时,制作出来的钢筋混凝土模型截面尺寸很小,进行模型试验时很容易破碎,这时往往采用金属等韧性材料代替。还有如加筋材料的模拟,由于加筋材料的缩尺及材料复合特性的限制,模型材料很难与原型材料完全一致,这时候往往也是抓住主要因素、采用替代材料进行模拟。

5.2.1　抗拉、压型结构模型设计

抗拉、压型结构有抗拔、抗浮桩、普通抗压桩等各种桩基础及墩型基础等,这些基础典型的受力特点就是抗拉、抗压。当模型为实心模型时,由式(5-24)可得结构模型的截面外观尺寸为:

$$l_{m,p} = \frac{l_{p,p}}{n} \sqrt{\frac{E_p}{E_m}} \tag{5-28}$$

当原型为空心截面时,假定结构外观截面面积为 A、空心截面面积为 A_1,根据相

114

似准则：

$$E_p (A - A_1)_p = n^2 E_m (A - A_1)_m \tag{5-29}$$

由上式可得：

$$l_{m,p} = \frac{l_{p,p}}{n} \sqrt{\frac{E_p}{E_m}} \tag{5-30}$$

$$l_{1m,p} = \frac{l_{1p,p}}{n} \sqrt{\frac{E_p}{E_m}} \tag{5-31}$$

式中，$l_{1m,p}$、$l_{1p,p}$ 分别为模型、原型空心截面尺寸。

另外，由式(5-24)～式(5-28)可以看出，当模型采用替代材料进行制作时，模型与原型之间保证抗拉、压相似后，其余抗弯、抗剪、抗扭刚度难以再满足相似关系。

5.2.2　抗弯型结构模型设计

抗弯型结构有支护结构、水平荷载作用下的筒型基础、桩基础等，进行此类结构模型设计时，首先，将模型长度或高度缩小 n 倍，然后按照式(5-25)有：

$$l_{m,m} = \frac{l_{p,m}}{n} \sqrt[4]{\frac{E_p}{E_m}} \tag{5-32}$$

根据式(5-32)计算模型截面外观尺寸。

当原型为薄壁抗弯结构时，可将原型的长度、高度同时缩小 n 倍，则模型的厚度为：

$$d_{m,m} = \frac{d_{p,m}}{n} \sqrt[3]{\frac{E_p}{E_m}} \tag{5-33}$$

式中，d_{mm}、$d_{p,m}$ 分别为模型、原型截面厚度。

由于按式(5-32)或式(5-33)进行模型设计后，模型厚度不满足几何相似关系，抗弯型结构模型试验中，如果需要研究结构表面的应力，需要对其进行修正[17]。具体修正方法即将原型缩尺 n 倍得到参考模型尺寸，然后将实际模型表面上实测应力乘以实际模型与参考模型几何尺寸的比值：

$$\sigma_{m,r} = \frac{n d_{m,m}}{d_{p,m}} \sigma_{m,m} \tag{5-34}$$

式中，$\sigma_{m,m}$ 为用替代模型后测得的模型表面应力，$\sigma_{m,r}$ 为考虑几何缩尺修正成原型结构表面的实际应力。

5.2.3 抗剪型结构模型设计

在岩土工程领域,纯粹的抗剪型结构相对较少,结构在抗剪的同时伴随着抗压或抗弯,如独立基础、变截面基础等。如果按抗剪刚度相似准则进行模型结构设计,则:

$$l_{m,q} = \frac{l_{p,q}}{n} \sqrt{\frac{G_p}{G_m}} \qquad (5-35)$$

按抗拉、压设计的模型截面尺寸与按抗剪设计的模型截面尺寸比值为:

$$\frac{l_{m,p}}{l_{m,q}} = \sqrt{\frac{1 + \mu_p}{1 + \mu_m}} \qquad (5-36)$$

式中, μ_p 、 μ_m 分别为原型、模型材料的泊松比,钢材泊松比0.25左右、铝合金泊松比0.33左右、钢筋混凝土泊松比0.17左右。如果原型为钢筋混凝土材料,模型为铝合金材料, $l_{m,p} / l_{m,q} = 0.94$,因此,按抗剪进行模型结构的设计与按抗拉、压进行模型结构的设计对模型本身的影响不是很大。

5.2.4 抗扭型结构模型设计

抗扭型结构很少,如桥墩等,需要重点研究结构的抗扭问题时,可按式(5-27)进行相应截面尺寸的设计。

5.2.5 摇摆型结构模型设计

风荷载、地震荷载等动力荷载作用下,长条结构、高耸结构及结构基础可能发生摇摆,这时,对部分结构需要以转动惯量为相似准则进行相应结构断面尺寸的设计。

原型基础及上部结构的转动惯量与模型之间的相似关系为:

$$(mr^2)_p = n^5 (mr^2)_m \qquad (5-37)$$

式中, m 为考虑摇摆相似的相应部分结构的质量, r 为考虑摇摆相似的相应部分结构的质心到基岩或参考面的距离。

由式(5-37)可知,原型转动惯量是模型转动惯量的 n^5 倍。

5.2.6 多种受力特点的结构模型设计

很多时候,一个整体结构模型不同部分有着不同的受力特点,如桩筏基础,基桩主要承受轴向荷载,筏板主要承受弯曲荷载。再如基坑支护中,支护结构承担弯曲荷载,而坑内支撑承担轴向荷载。而还有些情况下,同一种构件承担多种组合荷载,如水平－竖向荷载共同重要下的桩基问题等。针对同一种构件主要承担一种荷载的情况,可按照5.2.1~5.2.6节中的方法分别设计模型结构构件,针对同一种构件承担多种组合荷载的情况,可根据研究重点的不同,按照主要影响因素进行模型设计,对于需要考虑的次要影响因素,其结果可按照式(5-34)的方法对其进行修正。

5.2.7 结构与土体界面的相似关系设计

离心模型试验中,多数情况下需要研究结构与土之间的相互作用,因此结构与土接触面的摩擦特点也是模拟的一个关键所在。如果采用原型材料进行结构离心模型的设计,则不需要考虑接触面的摩擦相似性,但采用替代材料进行结构模型的设计时,则需要考虑接触面的摩擦相似性。如采用铝合金材料代替钢筋混凝土材料进行离心模型设计,铝合金材料表面较为光滑,而混凝土材料表面较为粗糙,两种材料与土体之间的摩擦系数有较大差异。再比如加筋材料、拉锚材料的离心模型试验,当采用替代材料时,替代材料与土体之间的咬合特性同样需要重点考虑。

1)摩擦相似准则

两种材料之间的摩擦行虽然是材料的固有属性,但可以通过接触面上的力学行为表达,摩擦系数可表示为:

$$\alpha = \frac{T}{N} = \frac{\sigma_T}{\sigma_N} \tag{5-38}$$

式中,T、σ_T 为接触面上的切向力与切向应力,N、σ_N 为接触面上的法向力与法向应力。

离心模型试验中,$(\sigma_T)_p = (\sigma_T)_m$、$(\sigma_N)_p = (\sigma_N)_m$,因此,当模型、原型与土体之间的摩擦相似时,需满足:

$$\alpha_p = \alpha_m \tag{5-39}$$

当采用替代材料进行离心模型试验时,式(5-39)难以满足,此时一般需要进行特殊处理结构模型表面,使得结构模型与土体之间的模型系数和原型相同。如徐光明[21]在进行沉入式大圆筒结构的离心模型试验中,针对铝合金筒型模型与土体之间摩擦系数和原型之间不匹配的问题,在进行大圆筒模型的制作过程中,在模型表面涂环氧树脂并粘上细砂,从而调整模型与土体之间的摩擦系数。

具体操作时,可先采用原型材料(结构、土体)进行系列摩擦试验,获得原型结构材料与土体材料之间的摩擦系数,然后通过调整结构模型表面黏砂量来调整结构模型与土体模型之间的摩擦系数,直至模型与原型接触面上的摩擦系数相等。

2)咬合相似准则

程永辉[22]对加筋材料与土体之间的咬合摩擦相似准则进行了分析,并得出以下表达式:

$$\left[\frac{a_1 a_t}{(a_1 + b_1)(a_t + b_t)}\right]_p = \left[\frac{a_1 a_t}{(a_1 + b_1)(a_t + b_t)}\right]_m \tag{5-40}$$

式中,a 表示格栅开孔尺寸,b 为筋条宽度,角标 t、l 表示纵向、横向。

当原型材料与模型材料相同时,式(5-40)能够成立,当模型采用与原型材料不相同时,需要进行试验验证替代材料模型与原型和土体之间的咬合相似性。

5.2.8　其他特殊结构模型设计

1)排水体模型设计

对于一些排水体等特殊模型,如塑料排水板等,需要重点考虑其排水的相似性。由于塑料排水板比较薄,缩尺后难以将其插入土体模型中,因此需要采用替代方式模拟排水板排水固结。Hansbo 提出将塑料排水板换算成等效当量的砂井,然后采用透水性好的替代材料进行模拟,等效直径计算方法为:

$$D_p = \alpha \frac{2(b + \delta)}{\pi} \tag{5-41}$$

式中,D_p 为排水等效直径;b 为排水板宽度;δ 为排水板厚度;α 为换算系数,一般取 $0.6 \sim 0.9$,根据排水板宽度、厚度计算其等效直径。模型间距缩尺 n 倍,然后按照等边三角形布置,计算三角形边长。为方便求解,根据 Barron 的建议,计算时可将每个竖向排水体的影响范围变换成一个面积相等的圆:

$$D_e = \sqrt{\frac{2\sqrt{3}}{\pi}} l \tag{5-42}$$

式中,l 为边长,进而根据每个排水体的排水面积计算总的排水体数量。排水体可用滤纸卷成排水体直径大小的细筒,内部贯入细砂,然后按照设计方案布置在模型土体内。排水体也可采用透水滤芯代替,首先在模型土体地基上做好标记点,然后将滤芯用细钢丝穿透入基土层,最后在 ng 条件下对地基土体进行预固结以愈合插入排水体时留下的孔洞缝隙。

2)冻胀结构模型设计

冻土方面的离心模型试验研究目前已有不少,而冻土中结构模型相似问题研究较少。由于冻胀特性时材料的基本性质之一,不同的材料其热胀冷缩性质有较大差异。因此,在进行冻胀离心模型试验时,其结构模型的热传导系数、热膨胀系数等应与原型相同,当必须采用替代材料进行模型试验时,宜选择热力学性质与原型材料相同或相近的材料。采用替代材料后,首先应对模型材料及原型材料的热膨胀特性进行试验标定,找出两者之间的换算关系,在试验后换算成原型中相应的物理量。

当然,在选择替代材料以后也会带来一定的试验误差,如冻土区域桩的离心模型试验,模型桩与原型桩热膨胀性质不同,试验过程中桩土接触面的相对位移与原型不一致,这可能会导致模型试验桩桩侧摩阻力与原型有一定的差距。

3)地震荷载作用下结构模型设计

对于一些重点研究结构特性的离心模型试验,采用替代材料后,结构变形、应力分布可能与原型有较大差异,尤其是构件之间的连接部位。如原型为钢筋混凝土结构,如果模型中其替代材料为铝合金,各构件的连接一般有两种:螺栓连接和焊接。由于模型一般较小,当采用螺栓连接时,螺栓不可能把两个构件接触面完全结合为一体,其连接的实质上相当于半铰接、半固接,因此连接部位的受力、变形特性与原型有一定的差异。当采用焊接连接时,焊接部位容易开裂,也不是理想的连接方式。因此,在研究地震荷载作用下地基土体中结构受力、变形特性时,凌道盛等[30]采用与原型同样的材料进行模拟。模拟中,原型结构为钢筋混凝土结构,离心结构模型制作时,采用硅酸盐水泥掺入细砂及水,然后按一定比例配制水泥砂浆,配制完成后制作试块,并进行抗压强度及弹性模量的测试。钢筋采用不锈钢丝代替,钢筋连接点采用锡焊焊接,钢丝间距按原型 n 倍缩尺布置,钢丝整体连接完成后,制模并灌入水泥砂浆,这样模型成为一个整体从而模拟实际结构模型。为方便模型制作,采用与原型同样材料制作离心模型时,模型比尺不宜太小,根据模型箱尺寸、边界效应等情况综合考虑,在条件允许情况下制作大比尺模型。

5.3 典型试验模拟

5.3.1 边坡—结构离心模型试验

此离心模型试验的结构模型依托天津港 22 ~ 24 段码头段进行,码头全长 530m,承台总宽 40.8m。设计高程 +5.8m(天津港理论深度基准面,下同),有 3 个万吨级泊位。前承台采用连续梁板式高桩承台结构,主要由基桩、叠合横梁、预应力门机梁、预制靠船构件和面层等部分组成。码头分为 10 个结构段,标准段长 59.5m,每个标准段包括 9 个基桩排架,排架间距为 7m。

码头长期使用,部分基桩有缺陷,导致桩身出现裂缝,因此试验目的主要研究有桩身缺陷的码头水平荷载作用下高桩码头整体承载特性及桩身受力特点。

实际条件下,由于受复杂因素影响,桩体缺陷位置不定、形状各异、尺寸不同,为便于在离心机上进行模拟,模型缺陷桩统一布置在靠海侧前排桩上,且缺陷位置、大小及形状均相同。

试验取原型纵向三跨进行模拟,模型整体布置如图 5-5、缺陷布置如图 5-6 所示。

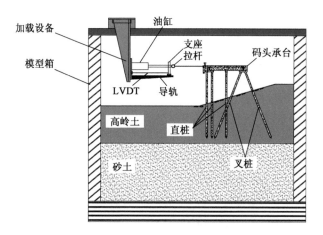

图 5-5 缺陷桩离心模型试验布置图

由于试验不是针对具体天津港码头工程,试验中只是参考其码头、岸坡形式进行带缺陷桩的高桩码头承载机理的研究,因此试验中自行设计模型土层。试验中地基土层分为两层:下层为标准砂,上层为高岭土层,标准砂通过砂雨法撒入模型箱内,之后将搅拌好的高岭土浆体倒入砂土层上。高岭土倒入模型箱时其强度很低,因此,在高岭土表面上覆土工布,土工布上覆盖5cm砂土进行初步固结。固结过程中,抽出上部水分,7d以后,将上部砂土覆盖层去除,施加固结仪的加载板继续进行固结。固结过程中,用微型十字板剪切仪(图5-7、图5-8)定期测量土体强度直至设计值。土体强度达到设计值后,对上层高岭土土层进行削坡(图5-9)。

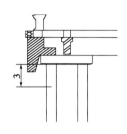

图5-6 缺陷布置(单位:cm)

　　原型结构材料为钢筋混凝土,离心模型试验中采用铝合金材料进行代替。水平荷载作用下承台板、梁、桩均为受弯构件,因此结构模型设计时各构件均按抗弯刚度相似原理进行设计。结构模型制作中,各构件单独制作,制作完成后用螺栓将各部分构件连接为仪器。为防止试验过程中连接部位变形过大,将连接部位焊接以进一步加固连接接头。加工完成后的模型如图5-10所示。

图5-7 微型十字板剪切仪配件

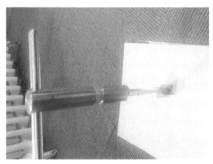

图5-8 单个十字板剪切仪

图5-9 土体模型

图5-10 结构模型

试验结果如图5-11、图5-12所示,高桩承台竖向位移、水平位移如图5-13、图5-14所示。

图5-11 试验结束时结构整体变形

图5-12 试验结束时承台桩体变形

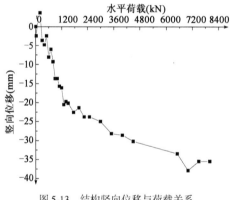

图5-13 结构竖向位移与荷载关系

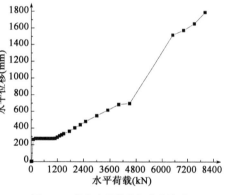

图5-14 结构水平位移与荷载关系

在加载前期,实际加载小于设计荷载时,结构竖向位移变化较快,当水平荷载达到1500kN时,结构竖向位移达到20mm。当实际加载大于设计荷载时,结构竖向位移变化较慢,实际荷载达到6000kN(4倍设计荷载),结构竖向位移稳定在35~40mm之间。

在加载前期,水平荷载作用下,高桩承台结构下的边坡土体在桩体作用下变形速率较快,结构整体快速前倾下沉,因此,在这一阶段结构竖向位移变化较快。水平荷载达到设计荷载以后,结构整体不仅快速前倾下沉,而且还会发生转动,转动的结构使得结构承台板中心位置有向上的位移,这两者位移叠加的结果使得结构整体竖向位移变化放缓。

需要说明的是,在加载前期,缺陷桩的缺陷不是主要影响因素,当水平荷载较小时,缺陷桩并没有发生破坏或过大变形,缺陷桩的变形还是以弹性变形为主,结构整体位移还是受土体强度和结构整体刚度控制。

由于水平位移传感器与加载装置配套,在加载前期,读数有一些问题,当水平荷载在 300 ~1200kN 范围内变化时,结构水平位移基本没有变化。如果参考 1200 ~3600kN 范围内的变化规律,在此阶段内,结构水平位移也基本是线性变化,但变化速率较慢。以此分析,结构水平位移时水平荷载变化大致可分为三个阶段:第一阶段,加载前期,水平荷载小于 1200kN 时,边坡土体变形,结构前倾,结构整体水平位移发展较慢,当水平荷载达到 1200kN 时,结构水平位移达到 300mm;第二阶段,水平荷载在 1200 ~4000kN 范围内变化时,结构水平位移变化稍缓并稳定增长,当水平荷载达到 4000kN 时,结构水平位移达到 70mm;当水平荷载大于 4000kN 时,桩侧土体破坏(图 5-13、图 5-14),结构整体失稳,结构水平位移快速增长。

5.3.2　CDM 加固岸坡变形离心模型试验

高桩码头后方堆载对于地基土体是竖向荷载,但对于高桩码头是水平荷载。堆载使得地基土体产生竖向变形,同时,土体水平方向也发生变形,这样就会侧向挤压岸坡土体,进而挤压高桩码头。本文通过离心模型试验研究码头结构与后方堆场之间进行 CDM 法加固的条件下,高桩码头岸坡变形特性及承载性能的变化。模型整体布置如图 5-15 所示。

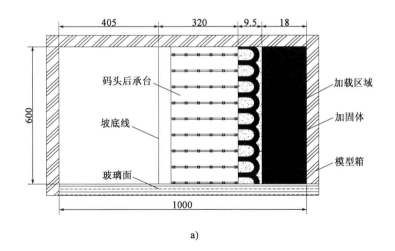

a)

图　5-15

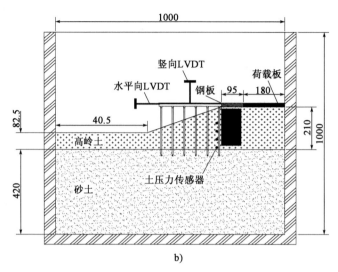

b)

图5-15　高桩码头岸坡加固模型布置(单位:mm)

a)平面图;b)立面图

土层模型的制作方法与缺陷桩相同,土层分为两层,上层为高岭土层、下部为标准砂,如图5-16所示。高桩码头结构原型为钢筋混凝土结构,模型中采用铝合金材料代替,结构模型如图5-17所示。码头后方堆载作用下,结构模型中各构件基本上仍为受弯构件,因此各构件按抗弯刚度相似原理进行设计。加固体原型为水泥搅拌桩,试验采用石膏代替,试验中堆载并未作用在加固体垂直上方,因此石膏截面设计也按抗弯刚度相似原理进行。加固体未单独制作,而是在结构模型安装完成以后在地基土层内按照其设计界面尺寸、高度进行开槽,开槽完成之后将配置好的石膏浆体贯入槽内,如图5-18所示。

图5-16　CDM岸坡加固模型土体

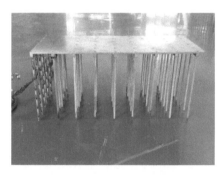

图5-17　CDM岸坡加固码头结构模型

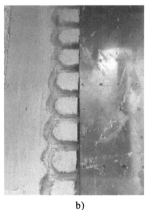

a)　　　　　　　　　　　　　　　　　b)

图5-18　模型安装
a)无加固体;b)有加固体

在码头后方堆载情况下,后承台竖向位移随堆载大小的变化如图5-19所示,位移正值表示承台位移向上。在没有加固体的情况下,高桩码头后方堆载极限值为120kPa,此时对应的后承台竖向位移约60mm,当堆载大于120kPa时,后承台竖向位移迅速变大。在有加固体的情况下,高桩码头后方堆载极限值为180kPa,次数对应的后承台竖向位移约为60mm,当堆载大于180kPa时,后承台竖向位移迅速增大。对比有无加固体的后台竖向位移还可以看出,当堆载小于极限值时,有加固体的后承台竖向位移发展较慢,位移速率较低。如果取堆载极限值的1/2作为设计值,当堆载小于设计值时,有加固体的后承台竖向位移很小,并且变化并不明显,只有当堆载大于设计值时,后承台竖向位移才变化稍快。而对于无加固体的情况,当堆载小于极限值时,后承台竖向位移随堆载大小基本呈线性变化。当堆载大于极限值时,无加固体的地基土体迅速丧失承载力,后承台位移迅速变化,而有加固体地基土体虽然也丧失承载力,但受加固体影响,地基土体不会迅速破坏,后承台竖向位移变化稍缓。

试验结果表明,在有、无加固体的情况下,虽然后承台的极限竖向位移大致相同,但有加固体时,后承台的堆载承载力大幅度提高,相对于无加固体,提高幅度为50%。加固体能很大程度上抵抗后方堆载所导致的土体水平向变形,从而降低岸坡、后承台位移发展。

有、无加固体时,后承台水平位移随码头后方堆载大小变化如图5-20所示。后承台水平位移变化规律与竖向位移变化规律大致相同,无加固体时,后承台堆载极限值为120kPa,此时对应的后承台水平位移为400mm,有加固体时,后承台堆载极限值为180kPa,此时对应的后承台水平位移为400mm。

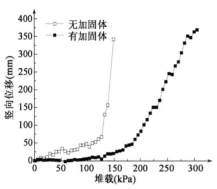

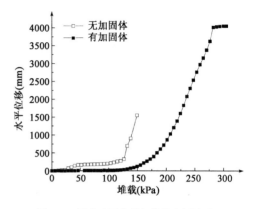

图 5-19　承台竖向位移与堆载之间关系　　　图 5-20　承台水平位移与堆载之间关系

5.3.3　高水压下隧道开挖离心模型试验

随着国家海洋战略、区域经济一体化、国家大通道建设计划的逐步实施,我国采用盾构法在深水区域挑战高水压越江海交通隧道越发广泛。由于即将建设的越江海盾构隧道可能具有超高水压(水压将达到 2.0MPa 以上,国内外现有的案例最大水压 0.7MPa)、长距离和大直径等突出特点,且工程地质和水文地质条件复杂多变,加上重要交通干线使命和百年服役期的要求,不仅工程本身存在巨大风险,而且既有的设计施工的基础理论也面临诸多新问题和挑战。本试验针对高水压条件下开挖面稳定机理和合理支护压力设定标准展开研究,为隧道建设提供理论支撑。

本试验主要研究高水压条件下隧道开挖面支护压力大小以及隧道开挖面前方土体破坏形式。试验设备主要由隧道支护体系、泥水加压系统、动态监测系统三大部分组成。隧道衬砌采用铝合金材料进行模拟,在设备上同时加工应力式支护(圆形)和位移式支护(半圆形),其中半圆形支护紧贴着试验箱有机透明玻璃一侧放置,目的是为了研究在不同的支护压力条件下开挖面前方土体破坏形式与机理;同样规格的圆形隧道放置于试验箱中部,主要用于研究开挖面合理支护压力大小;开挖面支护采用泥水支护模拟,加压系统包括气泵和液柱,控制过程为:泥水补给舱可补充开挖面往外渗流的泥水,同时可以控制液柱高度,进而改变压强大小,上部气压系统可对液柱上部进行 0 ~ 1MPa 精确加压,整个加压系统能较精确调控隧道内部泥水压力大小,即开挖面支护压力大小。土体破坏形式动态监测系统主要采用 PIV 粒子图像法对土层变位进行观测,因此试验需单独在压力容器侧面加工高强度有机玻璃视窗,辅以人工观测进行校核;开挖面支护压力监测通过在隧道内部放置高精度微型土压力盒来进行控制。由于在高g值的离心模型实验中实现泥水循环系统有较大难度,为模拟渗流情况,在圆形隧道衬砌结构外表面设置排水小导管,而在半圆模型内部设置渗流通道,通过控制渗流排水阀开关来近似模拟向开挖面内的渗流效应,整个试验设备组成如图 5-21 所示。

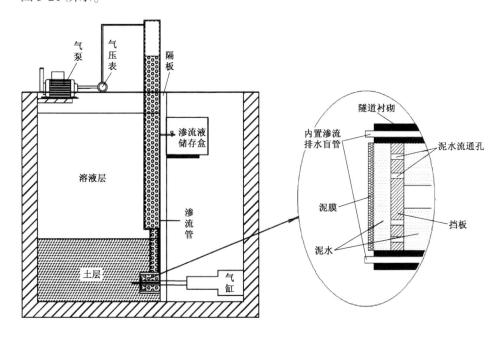

图 5-21　试验装置正视图

为了模拟高水压条件,结合离心机自身尺寸规模限定,本次试验选取较高环境加速度比 $N = 150:1$,隧道模型尺寸比为 $n = 1:150$,据此可以判定本次试验模型参数比例如表 5-1 原型—模型试验相似比例常数所示。试验用土采用丰浦砂,通过排水固结试验和三轴试验测定土体参数,保证土体性质与工程用土的相似性。流体要求黏度增大 150 倍,因此需要选用专用溶液进行专门调制。

原型—模型试验相似比例常数　　　　　　　　　　表 5-1

参　　量	比 例 常 数	原 型 规 格	模 型 规 格
隧道直径	1:150	16.7m	11cm
覆土厚度	1:150	$2.0D_p$	$2.0D_m$
压缩模量	1:1	4.4MPa	4.4MPa
渗透率	1:1	$4e^{-2}\mu m^2$	$4e^{-2}\mu m^2$

127

参 量	比 例 常 数	原 型 规 格	模 型 规 格
流体密度	1:1	1000kg/m³	1000kN/m³
流体黏度	150:1	1.5mPa·s	225mPa·s
水压	1:1	120MPa	120MPa
环境加速度	150:1	1G	150G
支护压力	1:1	—	—
位移	1:150	—	—
时间	1:150	—	—
渗流时间	1:150	—	—

本试验中采用自行配制的羟丙基—甲基纤维素水溶液 hydroxypropyl methyl-cellulose（HPMC）作为模型水环境液体,如图 5-22 和图 5-23 所示。通过与水混合不同比例含量的羟丙基–甲基纤维素粉末,结合品式黏度计测定黏度,对混合液体黏度进行标定,之后根据试验用水量配制达到指定黏度的羟丙基–甲基纤维素水溶液(水黏度的 150 倍)。静置两天以备用,如图 5-24 所示。

图 5-22　配制羟丙基-甲基纤维素水溶液

图 5-23　羟丙基-甲基纤维素原料

1)泥浆

针对大直径盾构长距离掘进条件下泥浆长时间静置和运输易分层离析问题,研究配制以预胶化淀粉、植物甘油、膨润土、微量碳酸钠等为原料的新型绿色高稳定性泥浆,在一定程度上防止海水环境下泥水相憎分离现象及长距离大空间条件下泥水分层的现象出现,以确保离心模型试验和实际工程中泥浆的有效性。泥浆的配比见表 5-2。

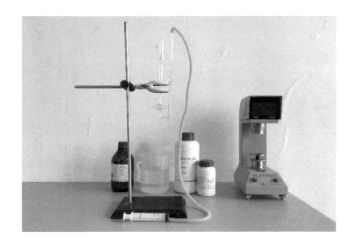

图5-24 品式黏度计标定溶液黏度

泥　浆　配　比　　　　　　　　　　　表5-2

编号	膨润土	淀粉	CMC	纯碱	盐	甘油
1	8	0.5	0	0.5	0	0
2	8	1.0	0.5	0	10	0
3	8	0.5	0	0.5	10	5
4	8	0	0.5	0.5	0	0
......			......			
34	8	0	0	0.5	0	60
35	8	0	0	0.5	0	0

通过静置试验(24小时)及离心试验对比不同泥浆的稳定效果,从而选择最佳泥浆材料配比。离析结果表明:

(1)常规配比泥浆稳定性差,易发生分层离析现象。

(2)泥浆配比中广泛采用的高分子聚合物如CMC等,并不利于泥浆稳定性。

(3)当泥浆遭遇海水环境,氯化钠的存在严重影响水化反应进行,导致泥水相憎分离现象的产生。

(4)离心机试验状态下(150g)泥水离析效果显著,主要存在四种泥水赋存

129

模式。具体现象如图 5-25 和图 5-26 所示。

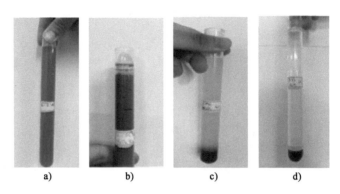

图 5-25　静止泥浆离析模式

a)比重不均;b)微量分层;c)泥水分离;d)泥水相憎

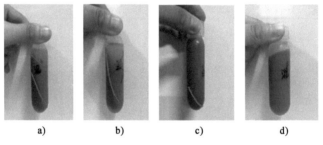

图 5-26　离心泥浆离析模式

a)离析三层;b)离析三两;c)微量离析;d)稳定状态

2)模型用地基土

一般情况下,离心模型中采用原型土作为试验用土,因原型土能较好反映真实情况土体物理力学指标。在真实条件下,原型结构物尺寸比土颗粒尺寸大很多,但在模型试验中,根据相似比缩尺后的结构物尺寸仅为原型尺寸的 $1/n$(n 为试验选取的离心加速度)。在高 g 值试验中,土体粒径的放大效应将会更为明显,导致模型中结构物所接触到的土颗粒总数受限,土颗粒的不均匀性和不连续性将暴露的十分明显。考虑到 150g 高加速度下原型土颗粒效应影响较大,本试验采用性质相似,粒径较细($d_{50} = 0.2mm$)的丰浦砂(Toyoura sand)作为试验用土,如图 5-27 所示。

试验前取模型用土进行固结试验与三轴试验,测定其物理力学参数如表 5-3 所示。

图5-27 丰浦砂

土体物理力学参数表 表5-3

比重 G	密度 ρ (g/cm³)	内摩擦角 φ (°)	最大孔隙比 e_{max}	最小孔隙比 e_{min}	平均粒径 d_{50} (mm)
2.65	1.46	34	0.97	0.61	0.2

本试验中考虑砂雨法制备成型的土体与实际工程中的土层状态更为接近,因此试验中采用砂雨法制备土样(图5-28)。砂雨法制模形成的土层密实度和落砂高度有关,为保证模型土样的均匀性,试验前预先进行砂雨法落距标定,控制相对密实度65%,标定后的落距高度为600mm。

当洒砂超过传感器预埋设高度2cm时,停止洒沙,根据传感器尺寸开挖埋设坑,埋设当前深度位置传感器(图5-29),记录位置及传感器编号,之后继续洒砂至下一高度,重复以上步骤。

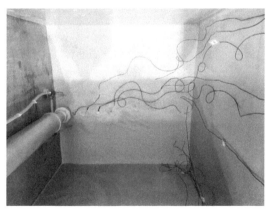

图5-28 砂雨法制备模型　　　　　　图5-29 埋设内部传感器

图5-30　填充泥浆

通过底部排水体加入预先配置处理过的无气黏性溶液,缓慢加至预设液面高度,同时向泥浆管中填充泥浆(图5-30),密闭保压,固定泥水补给仓和泥水调压系统,完成饱和地基的制备。填充泥浆静置一段时间后,泥浆调压系统压力值保持稳定,泥浆液面保持稳定,表明开挖面前方形成密闭性良好的泥膜。

每组试验过后,可得到包括土压、孔压、位移和PIV分析照片在内的多项试验数据。以其中一组试验为例,通过对试验数据进行简单分析,可以得到如下典型成果。

（1）开挖面破坏发展模式

通过PIV颗粒图像测速系统捕捉对称隧道模型开挖面失稳过程的位移分布,结合MATLAB程序进行后处理分析得到不同时刻土体的位移场,如图5-31所示,可以看出随支护面板逐渐后撤,土体发生渐进性失稳破坏。

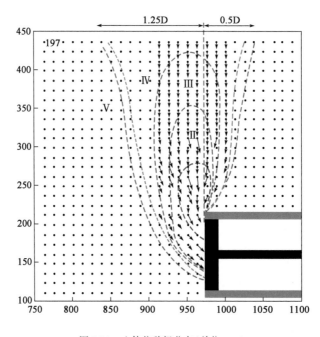

图5-31　土体位移场分布(单位:mm)

（2）土压力变化规律

离心机加速过程中,通过伺服加压系统同步调节泥浆压力,使其与隧道开挖面前方同高度水土压力保持一致,当离心加速度达到150g时,隧道拱底位置泥浆支护压力维持一段时间,随后通过气压调节系统控制泥浆支护力随时间缓慢减小,泥浆压力减小梯度控制在 5 ~ 10kPa/s。

初始零时刻为重力加速度达到150g后,渗流阀门打开后,模型内部逐渐达到稳态渗流状态。初始泥浆支护压力等于同高度处外部土水压力值。如图 5-32 所示为泥浆支护压力逐渐降低过程中隧道开挖面前方土压力随时间的变化曲线。

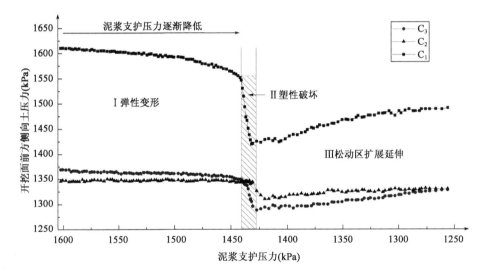

图 5-32　开挖面前方侧向土压随支护力变化曲线

（3）孔隙水压力分布

开挖面前方不同埋深位置的孔隙水压力随时间变化如图 5-33 所示,离心加速度达到150g后,开启渗流阀开关,孔隙水压力基本稳定时表明达到稳态渗流状态。随着泥浆支护压力的逐渐降低,孔隙水压力并未出现明显的波动,开挖面发生主动破坏时,隧道中心正前方孔压出现较为明显的降低,随埋深减小孔压变化幅度范围减小。可见泥水支护式开挖面失稳模式中,与盾构隧道轴线高度位置相同的孔压受影响最大（降低了 30kPa）,而轴线高度上方孔压受影响程度随埋深减小依次递减,P_2、P_3 测点依次降低 14kPa 和 8kPa,远场测点 P_4 孔压几乎未受影响,基本维持未扰动状态。

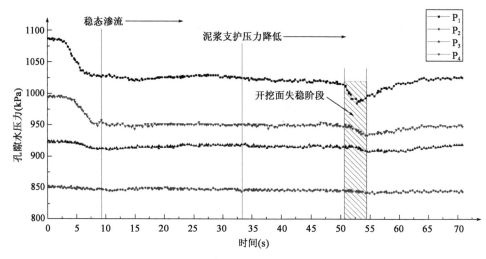

图 5-33 孔隙水压力随支护力变化曲线

参 考 文 献

[1] 孙述祖.土工离心机设计综述,南京水利科学研究院,1991 年 1 月.

[2] 林明.国内土工离心机及专用试验装置研制的新进展[J].长江科学院报, 2012,29(4):80-84.

[3] 程永辉,李青云,饶锡保,等.长江科学院土工离心机的应用与发展[J].长 江科学院院报,2011,28(10):141-146.

[4] 马险峰,何之民,林明.同济大学岩土离心机的研发[C].中国水利学会 2007 年年会论文集,"物理模拟技术在岩土工程中的应用"分册,5-10.

[5] 贾普照.稳态加速度模拟试验设备-离心机的设计[J].航天器环境工程, 2009,26.

[6] 包承纲,蔡正银,陈云敏,等.岩土离心模拟技术的原理和工程应用[M].武 汉:长江出版社,2011.

[7] 王年香,章为民.土工离心模型试验技术与应用[M].北京:中国建筑工业 出版社,2015.

[8] 赵玉虎,罗昭宇,林明.土工离心机研制概述[J].装备环境工程,2015,12 (5):19-27.

[9] 冉光斌,罗昭宇,刘小刚.土工离心机吊篮的设计及优化方法[J].机械设 计,2009,26(11):68-70.

[10] 赵玉虎,林明.力传感器在离心机平衡检测与保护系统中的应用[C].四川 省电子学会传感器技术第九届学术年会论文集.2005:101-105

[11] 谢欣.大型土工离心机数据采集与监测系统研制[J],1992.

[12] 刘君,刘福海,孔宪京,等.PIV 技术在大型振动台模型试验中的应用[J]. 岩土工程学报,2010,31(3):368-374.

[13] 张耀东.PIV 技术在离心机模型试验中的校核及运用.255-259.

[14] 齐羽,梁建辉,蔡志斌.基于 PXI 平台的大型土工离心机综合数据采集系 统的设计与实现[C].第七届全国岩土工程物理模拟学术研讨会论文集, 80-82.

[15] 孙彪,陈波.箔式应变片三种桥路的性能比较[J].科技研究,2009.08: 86-88.

[16] 于玉贞,陈正发.土工离心机振动台系统侧发展研究[J].水利水电技术, 2005,36(5):19-21.

［17］ 冉光斌.土工离心机及振动台发展综述［J］.试验设备,25-29.

［18］ 侯瑜京.土工离心机振动台及其试验技术［J］.中国水利水电科学研究院学报,2006,4(1):15-22.

［19］ 王永志.振动离心机系统工作原理与初步设计［D］.哈尔滨:中国地震局工程力学研究所,2010.

［20］ 章为民,赖忠中,徐光明.电液式土工离心机振动台的研制［J］.水利水运工程学报,2002,(1):53-66.

［21］ 贺云波,简林柯,林廷圻,等.复合离心机振动台系统的研究现状［J］;中国机械工程;1999 年05 期.

［22］ Bolton,MD el al. Ground displacement in centrifugal model［J］.Proceedings of 8th International Conference on soil Mechanics and Geotechnical Engineering, 1973 Vol.1:65-70.

［23］ 陈湘生.人工冻结粘土力学特性研究及冻土地基离心模型试验［D］.北京:清华大学,1999.

［24］ 马险峰,孔令刚,方薇,等.砂雨法试样制备平行试验研究.岩土工程学报, 2014,36(10):1791-1801.

［25］ 胡中雄.土力学与环境土工［M］.上海:同济大学出版社,1997.

［26］ J. Garnier. Properties of soil samples used in centrifuge models［J］. Physical Modelling in Geotechnics:ICPMG'02, Philips, Guo&Popescu(eds), St. John's, 2002, pp5-19.

［27］ 杜延龄.土工离心模型试验基本原理及其若干基本模拟技术研究［J］.水利学报, 1993, 8:19-28, 36.

［28］ 李浩,罗强,张正,等.砂雨法制备砂土地基模型控制要素试验研究［J］.岩土工程学报,2014,36(10):1872-1878.

［29］ 刑义川,金松丽,赵卫全,等.基于离心模型试验的黄土湿陷试验新方法研究［J］.岩土工程学报,2017,19(3):389-398.

［30］ 胡再强,谢定义,沈珠江.非饱和黄土渠道浸水变形的离心模型试验研究［J］.西安理工大学学报,2000,16(3):244-247.

［31］ 刑义川,李京爽,杜秀文.膨胀土地基增湿变形的离心模型试验研究［J］.西北农林科技大学学报(自然科学版),2010,38(9):229-234.

［32］ 马少坤,黄茂松,刘怡林,等.红黏土地基承载力的离心模型试验与数值模拟［J］.岩土工程学报,2009,31(2):276-281.

［33］ 张雪东,侯瑜京,梁建辉,等.饱和砂土地基液化离心振动台模型试验研究

[J].水利学报,2014,45(增2):105-111.

[34] 梁发云,陈海兵,黄茂松,等.结构-群桩基础地震响应离心振动台模型试验[J].建筑结构学报,2016,(9):134-141.

[35] 杨敏,杨军.大间距桩筏基础地震响应离心模型试验研究[J].岩土工程学报,2016,38(12):2184-2193.

[36] 徐光明,章为民,赖忠中.沉入式大圆筒结构码头工作机理离心模型试验研究[J].海洋工程,2001,19(1):38-43.

[37] 侯瑜京.离心模型试验模拟塑料排水板处理软基的试验研究[J].大坝观测与土工测试,19(5):18-20.

[38] 张晨,蔡正银,徐光明,等.冻土离心模型试验相似准则分析[J].岩土力学,2018,39(4):1236-1244.

[39] 凌道盛,郭恒,蔡武军,等.地铁车站地震破坏离心振动台模型试验研究[J].浙江大学学报(工学版),2012,46(12):2201-2209.

[40] Chen, Z. F., Yu, Y. Z., Deng, L. J., Zhang, J. M. Dynamic Centrifuge Modelling of A Subway Tunnel in Clayed Ground[J]. Proceedings of the 2nd Sino-Japanese Symposium on Geotechnical Engineering, 15-16 October, 2005, Shanghai.

[41] J. Garnier. Properties of soil samples used in centrifuge models[J]. Physical Modelling in Geotechnics:ICPMG´02, Philips, Guo&Popescu(eds), St. John´s, 2002,5-19.

[42] M. D. Bolton, D. I. Stewart. The effect on propped diaphragm walls of rising groundwater in stiff clay[J]. International Journal of Rock Mechanics and Mining Sciences & Geomechanics Abstracts, 1994, 44(1):111-127.

[43] Gourvenec S. M., Randolph M. F.. Effect of foundation embedment on consolidation response[J]. Proceedings of the 17th International Conference on Soil Mechanics and Geotechnical Engineering: The Academia and Practice of Geotechnical Engineering, 2009, 1:638-641.

[44] Lee F H, Schofiled A N. Centrifuge Modeling of Sand Embankments and Islands in Earthquakes[J]. Geotechnique, 1988, 38(1):45-58.

[45] Deng L J, Kutter B L, Kunnath S K. Centrifuge modeling of bridge systems designed for rocking foundations[J]. Journal of Geotechnical and Geoenvironmental Engineering, 2012, 138 (3):335-344.

[46] Barron R A. Consolidation of fine-grained soils by drain wells[J]. Transac-

tions of the American Society of civil engineering, 1948, 113:718-754.

[47] SAVVIDOU. Centrifuge modelling of heat transfer in soil[J]./Corte. Centrifuge 88. Rotterdam:Balkema,1988:583-591.

[48] 洪建忠,冉光斌,余小勇,等.土工离心机多轴机器人系统设计综述[J].装备环境工程,2015,12(5):34-39.

[49] 孔令刚,张利民.土工离心机机器人发展概况与应用实例[C].土工测试新技术——第25届全国土工测试学术研讨会论文集,366-370.

[50] 钱纪芸,张嘎,张建民.离心场中边坡降雨模拟系统的研制与应用[J].岩土工程学报,2010,32(6):838-842.

[51] 张敏,吴宏伟.边坡离心模型试验中的降雨模拟研究[J].岩土力学,2007,28:53-57.

[52] 丁健.人工模拟降雨装置的试验测试与特性研究[D].北京:北京交通大学,2007.

[53] 李龙起.高速铁路土质边坡降雨力学响应及安全性评价研究[D].四川:西南交通大学,2013.

[54] 张荣.基于PXI总线的土工离心机撞击爆炸模拟试验测控系统设计[J].计算机测量与控制值,2010,18(8):1718-1726.

[55] 李浩,罗强,张正.砂雨法制备砂土地基模型控制要素试验研究[J].岩土工程学报,2014,36(10):1872-1878.

[56] 孙庆雷,侯瑜京,张雪东.离心机机械手CPT在雨砂制模均匀性检测中的应用[C].第七届全国岩土工程物理模拟学术研讨会论文集,120-124.